住房城乡建设部土建类学科专业"十三五"规划教材
全国住房和城乡建设职业教育教学指导委员会规划推荐教材

市政工程施工技术实训

（市政工程技术专业适用）

何 伟 曹梦强 主 编

肖 川 郭金炎 曹春林 副主编

胡兴福 主 审

中国建筑工业出版社

图书在版编目（CIP）数据

市政工程施工技术实训 / 何伟，曹梦强主编. —— 北京：中国建筑工业出版社，2021.8

住房城乡建设部土建类学科专业"十三五"规划教材 全国住房和城乡建设职业教育教学指导委员会规划推荐教材．市政工程技术专业适用

ISBN 978-7-112-26148-2

Ⅰ. ①市… Ⅱ. ①何… ②曹… Ⅲ. ①市政工程－工程施工－高等职业教育－教材 Ⅳ. ①TU99

中国版本图书馆 CIP 数据核字（2021）第 086757 号

本教材主要内容包括市政管道工程施工实训、道路工程施工实训和桥梁工程施工实训。本教材根据最新的标准规范编写，理论联系实践、通俗易懂、深入浅出。

本教材可作为市政工程、道路桥梁工程技术等相关专业实训指导用书，也可以作为施工技术人员的参考用书。本教材为立体化教材，通过二维码提供数字资源，主要为相关视频，可提高学习兴趣和效率。

责任编辑：聂　伟　王美玲
责任校对：焦　乐

住房城乡建设部土建类学科专业"十三五"规划教材
全国住房和城乡建设职业教育教学指导委员会规划推荐教材

市政工程施工技术实训

（市政工程技术专业适用）

何　伟　曹梦强　主　编
肖　川　郭金炎　曹春林　副主编
胡兴福　主　审

＊

中国建筑工业出版社出版、发行（北京海淀三里河路 9 号）
各地新华书店、建筑书店经销
北京红光制版公司制版
北京市密东印刷有限公司印刷

＊

开本：787 毫米×1092 毫米　1/16　印张：10¼　字数：225 千字
2021 年 8 月第一版　2021 年 8 月第一次印刷
定价：**29.00** 元
ISBN 978-7-112-26148-2
（37738）

本套教材编审委员会名单

序　言

2015 年 10 月受教育部（教职成函〔2015〕9 号）委托，住房城乡建设部（住建职委〔2015〕1 号）组建了新一届全国住房和城乡建设职业教育教学指导委员会市政工程类专业指导委员会，它是住房城乡建设部聘任和管理的专家机构。其主要职责是在住房城乡建设部、教育部、全国住房和城乡建设职业教育教学指导委员会的领导下，研究高职高专市政工程类专业的教学和人才培养方案，按照以能力为本位的教学指导思想，围绕市政工程类专业的就业领域、就业岗位群组织制定并及时修订各专业培养目标、专业教育标准、专业培养方案、专业教学基本要求、实训基地建设标准等重要教学文件，以指导全国高职院校规范市政工程类专业办学，达到专业基本标准要求；研究市政工程类专业建设、教材建设，组织教材编审工作；组织开展教育教学改革研究，构建理论与实践紧密结合的教学体系，构筑校企合作、工学结合的人才培养模式，进一步促进高职高专院校市政工程类专业办出特色，全面提高高等职业教育质量，提升服务建设行业的能力。

市政工程类专业指导委员会成立以来，在住房城乡建设部人事司和全国住房和城乡建设职业教育教学指导委员会的领导下，在专业建设上取得了多项成果。市政工程类专业指导委员会制定了《高职高专教育市政工程技术专业顶岗实习标准》和《高职高专教育给排水工程技术专业顶岗实习标准》；组织了"市政工程技术专业""给水排水工程技术专业"理论教材和实训教材编审工作。

在教材编审过程中，坚持了以就业为导向，走产学研结合发展道路的办学方针，以提高质量为核心，以增强专业特色为重点，创新教材体系，深化教育教学改革，围绕国家行业建设规划，系统培养高端技能型人才，为我国建设行业发展提供人才支撑和智力支持。

本套教材的编写坚持贯彻以素质为基础，以能力为本位，以实用为主导的指导思路，毕业的学生具备本专业必需的文化基础、专业理论知识和专业技能，能胜任市政工程类专业设计、施工、监理、运行及物业设施管理的高端技能型人才，全国住房和城乡建设职业教育教学指导委员会市政工程类专业指导委员会在总结近几年教育教学改革与实践的基础上，通过开发新课程，更新课程内容，增加实训教材，构建了新的课程体系。充分体现了其先进性、创新性、适用性，反映了国内外最新技术和研究成果，突出高等职业教育的特点。

"市政工程技术""给水排水工程技术"两个专业教材的编写工作得到了教育部、住房城乡建设部人事司的支持，在全国住房和城乡建设职业教育教学指导委员会的领导下，市政工程类专业指导委员会聘请全国各高职院校本专业多年从事"市政工程技术""给水排水工程技术"专业教学、研究、设计、施工的副教授以上的专家担任主编和主审，同时吸收工程一线具有丰富实践经验的工程技术人员及优秀中青年教师参加编写。该系列教材的出版凝聚了全国各高职高专院校"市政工程技术""给排水工程技术"两个专业同行的心血，也是他们多年来教学工作的结晶。值此教材出版之际，全国住房和城乡建设职业教育教学指导委员会市政工程类专业指导委员会谨向全体主编、主审及参编人员致以崇高的敬意。对大力支持这套教材出版的中国建筑工业出版社表示衷心的感谢，向在编写、审稿、出版过程中给予关心和帮助的单位和同仁致以诚挚的谢意。本套教材全部获评住房城乡建设部土建类学科专业"十三五"规划教材，得到了业内人士的肯定。深信本套教材将会受到高职高专院校和从事本专业工程技术人员的欢迎，必将推动市政工程类专业的建设和发展。

全国住房和城乡建设职业教育教学指导委员会

市政工程类专业指导委员会

前　言

随着城市化进程的加快和海绵城市建设的需要，市政建设行业对人才的要求越来越高，各高校也更加注重市政工程技术人才实践能力的培养。市政工程施工技术实训是在掌握施工技术基本知识的基础上，通过施工实训学习工程实践知识，提高综合应用各科知识进行理论分析和解决工程实际问题的能力，同时通过学习和实践使理论深化、知识拓展、专业技能延伸，最终达到活学活用、胜任工作的目的。

本书的内容主要为：施工排水实训、沟槽支撑施工实训、管道沟槽开挖施工实训、市政管道的铺设与安装施工实训、道路工程施工实训、桥梁工程施工实训。每个实训项目设置若干实训任务。

参加本书编写的人员及分工为：广州城市建设职业学校郭金炎（项目1、项目3（除任务3.3）、项目4），广州城市建设职业学校郭艳（任务3.3），广州城市建设职业学校杜馨（项目2），四川建筑职业技术学院肖川、刘卯钊（任务5.3～任务5.5），四川建筑职业技术学院姜建华（任务5.1、任务5.2），四川建筑职业技术学院何伟（任务6.1～任务6.3），四川建筑职业技术学院曹春林、曹梦强（任务6.4、任务6.5）。

何伟负责全书的统稿及校正，胡兴福负责全书的审核。

本书编写的过程中参阅了国内同行的多部著作，相关老师也提出了宝贵的建议和意见，在此表示由衷的感谢！

本书虽经推敲核证，但由于编者的专业水平和实践经验有限，仍难免有疏漏或不妥之处，恳请广大读者指正。

编者

2021年7月

目　　录

项目 1 施 工 排 水 实 训

市政管道开槽施工时经常遇到地下水。土层内的水分主要以水汽、结合水、自由水 3 种状态存在，结合水没有出水性，自由水对市政管道开槽施工起主要作用。当沟槽开挖后自由水在水力坡降的作用下，从沟槽侧壁和沟槽底部渗入沟槽内，使施工条件恶化，严重时，会使沟槽侧壁土体塌落，地基土承载力下降，从而影响沟槽内施工。因此，在管道开槽施工时必须做好施工排水工作。市政管道开槽施工中的排水主要指排除影响施工的地下水，同时也包括排除流入沟槽内的地表水和雨水。根据实际情况沟槽排水可以在沟槽开挖前或者开挖后进行。

任务 1.1 明 沟 排 水 实 训

1.1.1 实训任务及目标

1. 实训任务

根据沟槽开挖尺寸，计算明沟排水涌水量，按规范要求布置集水井；根据地形、基坑深度、涌水量选择合适的设备，并进行施工实训操作。

2. 实训目标

了解明沟排水的原理，掌握明沟排水涌水量计算，并会根据实际施工要求选择合适的设备，并按施工规范要求进行施工实训操作。

1.1.2 实训准备

1. 实训作业条件

(1) 岩土工程勘察报告。

(2) 根据地下水位深度、土层的渗透系数确定排水方案。

(3) 基坑（槽）已按要求挖至地下水位以上 100～200mm。

2. 主要材料及要求

(1) 排水管：直径 38～55mm 的胶皮管或带钢丝的塑料透明管。

(2) 8 号铁丝：具有出厂合格证明。

(3) 潜水泵开关：20～40A，有出厂合格证明。

(4) 漏电保护器：40A，有出厂合格证明。

3. 主要机具要求

常用的潜水泵型号为 QY—25，扬程为 25m，流量为 15m³/h，使用范围为 18～25m，电动机功率为 2.2kW。

4. 主要工具

尖头、平头铁锹、铁镐、撬棍等。

1.1.3 工艺流程及实训操作要点

1. 工艺流程

计算涌水量→测量放线→开挖排水沟→开挖集水井→安装潜水泵、排水管→配制配电盘、安装电闸箱→点动潜水泵开关→连续排水

2. 明沟排水实训示意图（图 1-1）

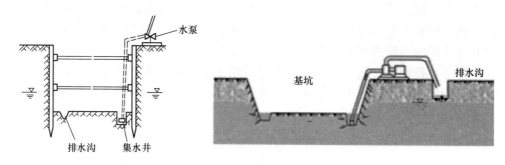

图 1-1　明沟排水实训示意图

3. 实训操作要点

（1）计算涌水量

1）在干河床时

$$Q = \frac{1.36KH^2}{\lg(R + r^0) - \lg r^0}$$　　　　　　　　（1-1）

式中　Q——沟槽总涌水量，$\mathrm{m^3/d}$；

　　　K——渗透系数，$\mathrm{m/d}$，见表 1-1；

　　　H——稳定水位至基坑底的深度，m；

　　　R——影响半径，m，见表 1-1；

　　　r^0——基坑半径，m。矩形基坑 $r^0 = u\dfrac{L+B}{4}$；圆形基坑 $r^0 = \sqrt{\dfrac{F}{\pi}}$，其中 L、

　　　　　B 是长方形的长和宽，u 值如表 1-2 所示，F 为基坑面积。

土的渗透系数 K 值　　　　　　　　　　　　　　　表 1-1

岩层成分	K（m/d）	R（m）
裂隙多的岩层	>60	>500
碎石、卵石类地层，纯净无细颗粒混杂均匀粗砂和中砂	>60	200~600
稍有裂隙的岩石	20~60	150~250
碎石、卵石类地层，混合大量细颗粒杂物	20~60	100~200
不均匀的粗粒、中粒及细粒砂	5~20	80~150

		u 值取值参考表			表 1-2	
B/L	0.1	0.2	0.3	0.4	0.6	1.0
u	1.0	1.0	1.12	1.16	1.18	1.18

2）靠近河沿时

$$Q = \frac{1.36KH^2}{\lg \dfrac{2D}{r^0}} \qquad (1-2)$$

式中　*D*——基坑距河边线的距离，m。

（2）测量放线

根据沟槽开挖断面的实际情况，确定排水沟的位置、宽度，集水井位置、尺寸等，并用石灰粉在沟槽断面上标出来。

（3）开挖排水沟

排水沟的开挖断面应根据地下水量及沟槽的大小来决定，通常排水沟的底宽不小于 0.3m，排水沟深应大于 0.3m，排水沟的纵向坡度不应小于 3‰～5‰，且坡向集水井。若在稳定性较差的土壤中施工，可在排水沟内埋设多孔排水管，并在其周围铺设卵石或碎石加固；也可在排水沟内埋设管径为 150～200mm 的排水管，排水管接口处留有一定缝隙，排水管两侧和上部也用卵石或碎石加固；或在排水沟内设板框、荆笆等支撑。

当沟槽面积较大时可按表 1-3 进行排水沟尺寸设置。

排水沟截面尺寸表　　　　表 1-3

图示	沟槽面积（m²）	截面符号	粉质黏土			黏土		
			地下水位以下深度（m）					
			4	4～8	8～12	4	4～8	8～12
	5000 以下	*a*	0.5	0.7	0.9	0.4	0.5	0.6
		b	0.5	0.7	0.9	0.4	0.5	0.6
		c	0.3	0.3	0.3	0.2	0.3	0.3
	5000～10000	*a*	0.8	1.0	1.2	0.5	0.7	0.9
		b	0.8	1.0	1.2	0.5	0.7	0.9
		c	0.3	0.4	0.4	0.3	0.3	0.3
	10000 以上	*a*	1.0	1.2	1.5	0.6	0.8	1.0
		b	1.0	1.5	1.5	0.6	1.0	1.0
		c	0.4	0.4	0.5	0.3	0.3	0.4

（4）开挖集水井

集水井的断面一般为圆形和方形，其直径或宽度，一般为 0.7～0.8m，集水井底与排水沟底应有一定的高差；在开挖过程中，集水井底应始终低于排水沟底 0.7～1.0m，当沟槽挖至设计标高后，集水井底应低于排水沟底 1～2m。

集水井的间距应根据土质、地下水量及井的尺寸和水泵的抽水能力等因素确定，一般每隔 50～150m 设置一个集水井。

3

集水井通常采用人工开挖，为防止开挖时或开挖后井壁塌方，需进行加固。在土质较好、地下水量不大的情况下，采用木框加固，井底需铺垫约 0.3m 厚的卵石或碎石，组成反滤层，以免从井底涌入大量泥砂造成集水井周围地面塌陷；在土质（如粉土、砂土、砂质粉土）较差、地下水量较大的情况下，通常采用板桩加固。即先打入板桩加固，板桩绕井一圈，板桩深至井底以下约 0.5m。也可以采用混凝土管集水井，采用沉井法或水射振动法施工，井底标高在槽底以下 1.5～2.0m，为防止井底出现管涌，可用卵石或碎石封底。

为保证集水井附近的槽底稳定，集水井与槽底有一定距离，沟槽与集水井间设进水口，进水口的宽度一般为 1～1.2m。为防止水流对集水井的冲刷，进水口的两侧应采用木板、竹板或板桩加固。排水沟、进水口需要经常疏通，集水井需要经常清除井底的积泥，保持必要的存水深度以保证水泵的正常工作。

（5）排水沟与集水井施工完毕后，在集水井安装潜水泵、排水管。

（6）配制配电盘，安装电闸箱，接通电源。

（7）点动潜水泵开关，观察潜水泵正反转，必要时进行调整。

（8）连续排水。

1.1.4 质量标准

1. 一般项目

排水沟坡度：

检查要求：坡度为 0.1%～0.2%。

检查方法：目测沟内排水是否畅通。

2. 关键控制点等的控制（表 1-4）

明沟排水质量关键控制点表　　　　　　　　　　　　　表 1-4

序号	关键控制点	主要控制方法
1	单侧设置排水沟	要有《岩土工程勘察报告》；现场实际检验
2	排水沟坡度	排水沟坡度为 0.1%～0.2%；目测沟内排水是否畅通；若有不畅进行修整
3	排水点	排水不得回渗基坑（槽）；根据地下水的流向及排水影响坡度确定排水点
4	集水井	集水井放坡合理，并围护，放坡按规范要求执行；井内放置竹笼进行堵渣滤水，保护潜水泵正常运转

3. 施工过程危害辨识及控制措施（表 1-5）

明沟排水作业危险源表　　　　　　　　　　　　　表 1-5

序号	作业活动	危险源	控制措施
1	电器操作	临时用电不规范	安装合格的漏电保护器，由持有国家认可的电工操作证的人员进行安装、操作和检测
2	运转过程	放坡不合适	排水管不能有漏水现象；排水沟内水流必须畅通；基坑（槽）的放坡系数合适

续表

序号	作业活动	危险源	控制措施
3	潜水泵排水不畅	集水井长期水位较高	集水井内须安设竹笼或柳框，或用木板护坡；检修潜水泵时，检修人员应站在竹架板之上进行拖、拔潜水泵
4	动火	火灾	明确办理动火证程序；对周围易燃物采用隔离设施；明确监火人
5	行车	车辆伤害	持证驾驶，系安全带；车辆受检，安全设施完好

任务 1.2　轻型井点人工降水实训

轻型井点是目前降水效果显著，应用广泛的降水系统，并有成套设备可选用。根据地下水位降深的不同，可分为单层轻型井点和多层轻型井点。在市政管道的施工降水时，一般采用单层轻型井点系统，有时可采用双层轻型井点系统，三层及三层以上的轻型井点系统很少采用。

1.2.1　实训任务及目标

1. 实训任务

根据地形条件选取合适的井点布置方式、总的涌水量、单井涌水量、单井个数、间距、埋深，并根据规范选取合适的工具、材料及设备进行井点施工、验收、试运行等操作。

2. 实训目标

了解轻型井点人工降水的原理，掌握轻型井点的布置方式、涌水量计算、埋深，并会根据任务要求选择合适的设备，并按施工规范要求进行施工实训操作。

1.2.2　实训准备

1. 实训作业条件

（1）根据地质勘探资料，由地下水位深度、土的渗透系数和土质分布确定降水方案。基础施工图纸齐全，根据基层标高确定降水深度。

（2）降水与排水是配合基坑开挖的安全措施，施工前应有降水与排水设计。当在基坑外降水时，应有降水范围的估算，对重要建筑物或公共设施在降水过程中应进行监测。

（3）已编制施工组织设计，确定基坑放坡系数、井点布置、数量、观测井点位置、泵房位置等，并已测量放线定位。

（4）现场"三通一平"工作已完成，并设置了排水沟。

（5）各专业施工人员经培训合格后方可上岗。

2. 主要材料及要求

（1）井点管

采用直径 38～55mm 的钢管（或镀锌钢管），带管箍。下端为长 2m 的同直径钻有 φ10 梅花形孔（6 排）的滤管，外缠 8 号铁丝，间距 20mm，外包尼龙窗纱 2

层，棕皮 3 层，缠 20 号铁丝，间距 40mm。漏管下端放一个锥形的铸铁头，井点管的上端用弯管与总管相连。

（2）连接管

连接管由塑料透明管、胶皮管或钢管制成，直径 38～55mm。每个连接管均宜装设阀门，以便检修井点。

（3）集水总管

一般用直径 75～100mm 的钢管分节连接，每节长 4m，一般每隔 0.8～1.6m 设一个连接井点管的接头。

（4）滤料

采用粒径 0.5～3.0cm 石子，含泥量小于 1%。

3. 设备准备

（1）抽水设备：根据设计配备离心泵、真空泵或射流泵，以及机组配件和水箱。

（2）移动机具：自制移动式井架（采用振冲机架旧设备）、牵引力为 58.8kN 的绞车。

（3）凿孔冲击管：Φ219×8mm 的钢管，长度为 10m。

（4）水枪：Φ50×5mm 无缝钢管，下端焊接一个 Φ16mm 的枪头喷嘴，上端弯成约直角，且伸出冲击管外，与高压胶管连接。

（5）蛇形高压胶管：压力应达到 1.50MPa。

（6）高压水泵：100TSW—7 高压离心泵，配备一个压力表，作为下井管。

1.2.3　工艺流程及实训操作要点

1. 工艺流程

计算涌水量、确定井的数量→测量放线、定井位→井点布置→井点管埋设→井点总管安装→连接弯联管→安装抽水设备→试抽→井点运行并记录降水水位→降水完成、井点拆除

2. 实训操作要点

（1）根据工程勘察资料，计算涌水量，确定井的数量

井点涌水量采用裘布依公式近似地按单井涌水量计算。工程实际中，井点系统是各单井之间相互干扰的井群，井点系统的涌水量显然较数量相等互不干扰的单井的各井涌水量总和小。工程上为方便应用，按单井涌水量作为整个井群的总涌水量，而"单井"的直径按井群各个井点所环围面积的直径计算。由于轻型井点的各井点间距较小，可以将多个井点所封闭的环围面积当作一口钻井，即以假想环围面积的半径代替单井井径计算涌水量。

1）无压完整井的涌水量（图 1-2）。

$$Q = \frac{1.366K(2H-s)s}{\lg R - \lg x_0} \tag{1-3}$$

$$R = 1.95s\sqrt{HK} \quad x_0 = \sqrt{\frac{F}{\pi}}$$

式中　Q——井点系统总涌水量（m³/d）；

K——渗透系数（m/d）；

s——基坑中心的水位降低值（m）；

H——含水层厚度（m）；

R——影响半径（m）；

x_0——井点系统的假想半径（m）；

F——环状井点系统所包围的面积（m^2）。

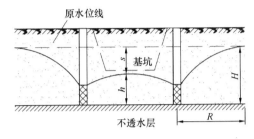

图 1-2　无压完整井计算示意图

2）无压非完整井的涌水量

$$Q = \frac{1.366K(2H_0 - s)s}{\lg R - \lg x_0} \tag{1-4}$$

式中　H_0——含水层有效带的深度（m），参见表 1-6。

其他参数意义同式（1-3）。

H_0 计 算 表　　　表 1-6

$\dfrac{s}{s+L_L}$	0.2	0.3	0.5	0.8
H_0	$1.3(s=L_L)$	$1.5(s+L_L)$	$1.7(s+L_L)$	$1.85(s+L_L)$

注：L_L 为滤水管长度；s 为水位下降值。

3）井点数量和井点间距的计算

井点数量按式（1-5）计算：

$$n = 1.1Q/q \tag{1-5}$$

式中　n——井点根数；

Q——井点系统涌水量（m^3/d）；

q——单个井点的涌水量（m^3/d）。

q 值按式（1-6）计算：

$$q = 20\pi d L_L (K)^{1/2} \tag{1-6}$$

式中　d——滤水管直径（m）；

L_L——滤水管长度（m）；

K——渗透系数（m/d）。

井点管的间距按式（1-7）计算：

$$D = L_1/(n-1) \tag{1-7}$$

式中　L_1——总管长度（m），对矩形基坑的环形井点，$L_1 = 2(L+B)$；对双排井点，$L_1 = 2L$。

D 值求出后要取整数，并应符合总管接头的间距。

井点数量与间距确定以后可根据式（1-8）校核所采用的布置方式是否能将地下水位降低到规定的标高，即 h 值是否不小于规定的数值。

$$h = H_2 - \frac{Q}{1.366K}\left[\lg R - \frac{1}{n} \lg(x_1, x_2, \cdots, x_n)\right] \qquad (1-8)$$

式中　　h——滤管外壁处或坑底任意点的动水位高度（m），对完全井算至井底，对非完全井算至有效带深度；

$x_1, \cdots, x_n$——所核算的滤管外壁或坑底任意点至各井点管的水平距离（m）。

（2）测量放线、定井位（图1-3）

按设计要求布设井位并测量地面标高。在井位先挖一个小土坑，深约500mm，以便于冲击孔时集水，埋管时灌砂，并用水沟将小坑与集水坑连接，以便于排泄多余的水。

图1-3　放线定位测量实训示意图

（3）井点布置

根据沟槽断面及降水量要求，选择合适的井点布置形式。

1）当沟槽宽小于 2.5m，降水深小于 4.5m，可采用单排线状井点，布置在地下水流的上游一侧（图1-4）。

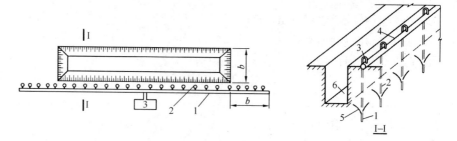

图1-4　轻型井点单排布置

1—滤水管；2—井管；3—弯联管；4—总管；5—降水曲线；6—沟槽

2）当基坑（槽）宽度大于 6m，或土质不良，渗透系数较大时，宜采用双排井点，布置在基坑（槽）的两侧（图1-5）。

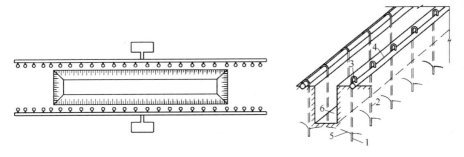

图 1-5 轻型井点双排布置

1—滤水管；2—井管；3—弯联管；4—总管；5—降水曲线；6—沟槽

3）当基坑面积较大时，应用环形井点，挖土运输设备出入道路处可不封闭（图 1-6）。

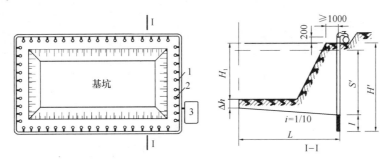

图 1-6 轻型井点环形布置

1—总管；2—井点管；3—抽水设备

（4）井点管埋设

1）井点管材选用

井点管直管部分一般采用镀锌钢管制成，管壁上不设孔眼，直径与滤水管相同，其长度视含水层埋设深度而定，一般为 5～7m，直管与滤水管间用管箍连接。滤管通常采用长 1.0～1.2m，直径 38mm 或 51mm 的无缝钢管，管壁钻有直径 12～19mm 的呈星棋状排列的滤孔，孔眼间距为 30～40mm，滤孔面积为滤管表面积的 20%～25%。骨架管外面包以两层孔径不同的铜丝布或塑料布滤网。为使流水畅通，在骨架管下滤网之间用塑料管或梯形钢丝隔开，塑料管沿骨架管绕成螺旋形。滤网外面再绕一层 8 号粗钢丝保护网，滤管下端为一锥形铸铁头。滤管上端与井点管连接，如图 1-7 所示。

2）井点管安装

井点管下管前应根据土质情况、场地和施工条件，选择射水法、钻孔法或套管法成孔（图 1-8）。井孔直径不宜大于 300mm，孔深宜比滤管底深 0.5～1.0m，井孔应保持垂直。

下管前应校正孔深，并适当稀释孔内泥浆。同时必须逐根

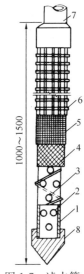

图 1-7 滤水管构造图

1—钢管；2—孔眼；3—缠绕的塑料管；4—细滤网；5—粗滤网；6—粗铁丝保护网；7—直管；8—铸铁堵

检查滤管，保证滤网完好，井管连接处牢固可靠。吊放井管时要垂直，并保持在井孔中心。

下管后应在井管与孔壁间及时用洁净中粗砂填灌密实均匀，填灌砂滤料应沿井周均匀填入（图1-9）。在地面以下1m范围内应用黏土封孔。填料时管口有泥浆冒出或向管内灌水时能很快下渗为合格井。安设好的井点管在与集水管连接前，应将管口堵塞。

图1-8　管井钻孔示意图　　　　　　图1-9　管口填料示意图

（5）井点总管安装

井点总管一般采用直径100～150mm的钢管，每节长为4～6m，总管之间用法兰盘连接。在总管的管壁上开设三通以连接弯联管，三通的间距应与井点布置间距相同，但是由于不同的土质，不同降水要求，所计算的井点间距与三通的间距可能不同，因此应根据实际情况确定三通间距（图1-10）。总管上三通间距通常按井点间距的模数而定，一般为1.0～1.5m。

图1-10　总管安装示意图

（6）连接弯联管

弯联管的作用是连接井点管和总管，一般采用长度为1.0m，内径38～55mm的加固橡胶管，内有钢丝，以防止井点管与总管不均匀沉陷时被拉断。该种弯联管安装和拆卸方便，允许偏差较大，套接长度应大于100mm，套接后应用夹子箍紧。有时也可用透明的聚乙烯塑料管，以便观察井管的工作情况。金属管件也可作为弯联管，虽然气密性较好，但安装不方便，施工中较少使用。

（7）安装抽水设备

轻型井点通常采用射流泵或真空泵抽水设备，也可采用自引式抽水设备。

射流式抽水设备包括水射器和水泵，其设备组成简单，使用方便，工作安全可靠，便于设备的保养和维修（图 1-11）。

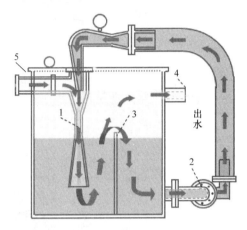

图 1-11　射流式抽水设备工作系统原理图
1—射流器；2—加压泵；3—隔板；4—排水口；5—接口

真空式抽水设备是由真空泵和离心泵组成的联合机组（图 1-12），地下水位降落深度可达 5.5～6.5m。但抽水设备组成复杂、占地面积大、管道连接较多，不能保证降水的可靠性，目前很少采用。

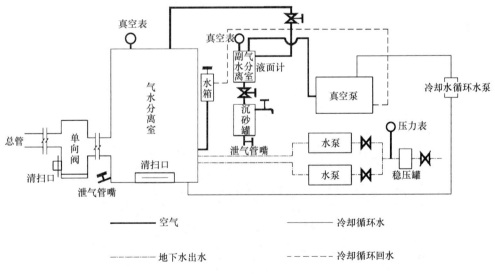

图 1-12　真空泵-水泵联合工作系统原理图

自引式抽水设备是用离心水泵直接从总管抽水（图 1-13），地下水位降落深度仅为 2～4m，适用于降水深度较小的情况。

图 1-13　真空泵安装示意图

（8）试抽

井点使用前，应进行试抽水，检查各部分是否正常。无漏水、漏气等异常现象后即为合格，否则应及时检修（图 1-14）。

图 1-14　设备试抽水示意图

（9）井点运行并记录降水水位

先开动真空泵排气，再开动离心泵抽水（图 1-15），井点降水系统运行后，要求连续工作，应准备双电源，保持正常抽水，不得随意停泵。

图 1-15　井点降水效果示意图

井点运行后要连续抽水，一般在抽水 2～5d 后，水位漏斗基本稳定，并进行记录（表 1-7）。

表 1-7

观测日期：自＿＿＿年＿＿＿月＿＿＿日＿＿＿时至＿＿＿年＿＿＿月＿＿＿日＿＿＿时

观测时间		降水机组		地下水流量（m³/h）	观测孔水位读数（m）			记事	记录者
时	分	真空值（Pa）	压力值（Pa）		1	2	……		

（10）降水完成、井点拆除

1）地下构筑物竣工并进行回填、夯实后，方可拆除井点系统。

2）拔出井点管可借助于捯链或 8t 汽车起重机，所留孔洞，下部用砂，上部 1～2m 用黏土填实。

1.2.4　质量评价

1. 一般项目

（1）井管（点）垂直度

检查要求：允许值为 1‰ 以内。

检查方法：插管时目测。

（2）井管（总）间距

检查要求：与设计相比小于等于 150%。

检查方法：用钢尺量。

（3）井管（点）插入深度

检查要求：与计算值相比小于等于 200mm。

检查方法：现场测量（水准仪）。

（4）过滤砂砾填灌

检查要求：与设计相比小于等于 5mm。

检查方法：检查回填料用量。

（5）轻型井点真空度

检查要求：真空度大于 60kPa。

检查方法：观察真空度表。

2. 关键点质量评价

关键点质量评价表　　　　表 1-8

序号	特殊或关键点	主要控制方法
1	冲孔深度	冲孔深度比滤管底深 0.5m，经常用水准仪测量或检查井点管埋设后在地面以上的长度
2	井点管上水正常	真空度大于 60kPa，通过听管内水流声、手扶管壁振动、夏、冬季手摸管子冷热、潮干等进行检查堵塞漏气点

续表

序号	特殊或关键点	主要控制方法
3	附近建筑物标高观测	保证建筑物附近水位差不得超过 0.5m 定期进行测量，有必要时采用"回罐"技术
4	抽水设备连续运转	不得因停电使渗水冲坏边坡甚至淤积基坑（槽） 采用双路供电系统或备用发电机组
5	水位控制	水位要降低到基底以下 0.5m，方能进行地下施工 从观测井测量水位，必要时采取增加水泵来增加抽吸能力
6	井点拆除	隐蔽工程施工到地下水位线以上，用水准仪测量控制

3. 职业健康安全与环境管理

施工过程危害辨识及控制措施见表 1-9。

施工过程危害辨识及控制措施表 　　　　　　　　表 1-9

序号	作业活动	危险源	控制措施
1	电路控制	临时用电不规范	安装合格的漏电保护器 电器操作人员持证上岗 有良好的接地保护 检查电缆外观情况
2	安装、拆除井点	物体打击	实行封闭施工，无关人员不允许进入现场 立警示标志 佩戴安全帽 三宝（安全帽、安全带、安钢）四口（楼梯口、电梯口、预留洞口、通道口）日常检查
3	井点运行	机械设备状态不佳	填写进入现场的设备清单 检查设备出厂或检修、试运转记录 检查现场设备实际情况
4	冬期施工	动火	明确办理动火证程序 确认周围是否有易燃物，并是否采取隔离措施 明确监火人
5	运输	机动车辆伤害	持证驾驶，系安全带 车辆在合格的受检期内
6	安拆井点	起重	操作人员持有效证件 现场作业统一指挥 封闭区域、控制出入人员 严禁起重臂下站人

注：表中内容仅供参考，应根据现场实际情况进行辨识。

4. 应注意的质量问题

（1）成孔困难

成孔时，如遇地下障碍物，可以空一井点，钻下一井点，井点的滤水管部分必须埋入含水层内。

（2）井点运转正常后，中途不得停泵，防止因停止抽水使地下水位上升，造成淹泡基坑的事故，一般应设双路供电，或备用 1 台发电机。

（3）不均匀沉降

定期对附近建筑物进行标高测量，以防止建筑物由于降水而发生不均匀沉降。

（4）井点管淤塞

井点管不得淤塞，应经常通过听管内水流声、手扶管壁振动、夏、冬季手摸管子冷热、潮干等简便方法检查。

（5）密封不严

各接口处、井点与孔壁间应密封严实，不得漏气。

项目2　沟槽支撑施工实训

设置支撑可以减少挖方开挖量和施工占地面积，减少拆迁，同时减少施工过程中土壁坍塌，创造安全的施工条件。但支撑增加材料消耗，同时还会影响后续工序的操作。

支撑是由木材或钢材做成的一种防止沟槽土壁坍塌临时性挡土结构。支撑的荷载是原土和地面上的荷载所产生的侧土压力。支撑加设与否应根据土质、地下水情况、槽深、槽宽、开挖方法、排水方法、地面荷载等因素确定。一般情况下，当沟槽土质较差，深度较大而又挖成直槽时；或高地下水位砂性土质并采用明沟排水措施时，均应设支撑。当沟槽土质均匀并且地下水位低于管底设计标高时，直槽不加支撑的深度不宜超过表2-1的规定。

不加支撑的直槽最大深度　　　　　　　　　　　　　　　　　　表 2-1

土质类型	直槽最大深度（m）
密实、中密的砂土和碎石类土	1.0
硬塑、可塑的黏质粉土及粉质黏土	1.25
硬塑、可塑的黏土和碎石土	1.5
坚硬的黏土	2.0

任务 2.1　横撑施工实训

2.1.1　实训任务及目标

1. 实训任务

根据项目条件选取合适横撑支撑方式及工具、材料、设备，进行沟槽支撑实训操作。

2. 实训目标

通过沟槽横撑支撑的实训操作，掌握沟槽支撑施工要点，并会根据任务要求选择合适的设备，并按施工规范要求进行实训操作。

2.1.2　实训准备

1. 实训作业条件

（1）完成场地平整和周围临时排水设施，部分基坑（槽）已挖到支撑或支护深度。

（2）对原有建筑物、道路及地下设施采取有效防护和加固措施。

（3）已编制详细的土方开挖方案。

（4）有地下水的土层开挖基坑（槽）或管沟时，应先做好降低地下水位的工作。

（5）各专业施工人员经培训合格后方可上岗。

2. 主要材料及要求

（1）木板、枋材

采用各种松木，要求年轮稠密，无腐朽、虫害、劈裂、急弯、反弯、空心等。单面弯曲度不得大于板、枋材长度的 1%。

方木的断面不宜小于 150mm×150mm。

圆木的梢径不宜小于 100mm。

（2）撑杆

1）木撑杆为 100mm×100mm～150mm×150mm 的方木或 Φ150mm 的圆木。

2）金属工具撑杆

3. 主要工具

钉锤。

2.1.3 工艺流程及实训操作要点

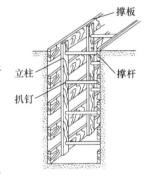

1. 工艺流程

测量放线定位→挡板架设→立柱、横梁架设→撑杆架设→支撑拆除

2. 横撑实训示意图（图 2-1）

3. 实训操作要点

（1）测量放线定位

根据先前沟槽第一层开挖的深度，定位好支撑的位置。并注意在软土或其他不稳定土层中采用撑板支撑时，开始支撑的开挖沟槽深度不得超过 1.0m；以后开挖与支撑交替进行，每次交替的深度宜为 0.4～0.8m。

图 2-1 横撑实训示意图

（2）挡板架设（图 2-2）

1）撑板一般使用金属撑板或木撑板，金属撑板每块长度一般有 2、4、6m

图 2-2 撑板及立柱安装示意图

等；木撑板一般规格为长 2～6m，宽度 200～300mm，厚 50mm。

2）撑板的安装应与沟槽槽壁紧贴，当有空隙时，应填实。横排撑板应水平，立排撑板应顺直，密排对撑板的对接应严密。

3）撑板支撑应随挖土及时安装。

（3）立柱、横梁架设

1）立柱和横梁通常采用方木或槽钢，其截面尺寸为（100mm×150mm）～（200mm×200mm）。如采用方木，其断面尺寸不宜小于 150mm×150mm。

立柱的间距视槽深而定，槽深在 4m 以内时，间距为 1.5m 左右；槽深为 4～6m 时，在疏撑中间距为 1.2m，在密撑中间距为 1.5m；槽深为 6～10m 时，间距为 1.5～1.2m（图 2-2）。

2）横梁应水平，纵梁应垂直，且必须与撑板密贴，连接牢固。

3）横撑应水平并与横梁或纵梁垂直，且应支紧，连接牢固。

4）撑板支撑的横梁、纵梁和横撑的布置：每根横梁或纵梁不得少于 2 根横撑；横撑的水平间距为 1.5～2.0m；横撑的垂直间距不大于 1.5m。

（4）撑杆架设

撑杆有木撑杆和金属撑杆 2 种。木撑杆为（100mm×100mm）～（150mm×150mm)的方木或 Φ150mm 的圆木，长度根据具体情况而定。金属撑杆为工具式撑杆，由撑头和圆套管组成，如图 2-3 所示。

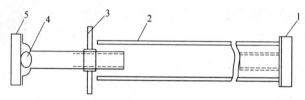

图 2-3　工具式撑杆图

1—撑头板；2—圆套管；3—带柄螺母；4—球绞；5—撑头板

（5）支撑拆除

1）支撑的拆除应与回填土的填筑高度配合进行，且在拆除后及时回填。

2）采用排水沟的沟槽，应从两座相邻排水井的分水岭向两端延伸拆除。

3）多层支撑的沟槽，应待下层回填完成后再拆除上层槽的支撑。

4）拆除单层密排撑板支撑时，应先回填至下层横撑底面，再拆除下层横撑，待回填至半槽以上，再拆除上层横撑。当一次拆除有危险时，宜采取替换拆撑法拆除支撑。

2.1.4　质量标准

1. 一般项目

（1）支撑不得妨碍下管和稳管。

（2）支撑构件安装应牢固、安全可靠，位置正确。支撑后，沟槽中心线每侧的净宽不应小于施工方案的要求。

（3）支护结构强度、刚度、稳定性符合设计要求。

2. 关键点质量评价（表 2-2）

横撑质量标准要求 表 2-2

项目	横撑中心标高	支撑两端	支撑挠曲	主柱垂直度	横撑与立柱	横撑水平
允许偏差	±30mm	≤20mm	≤$L/1000$	≤$H/3000$	±30mm	≤30mm

注：L 为支撑长度，H 为基坑开挖深度。

3. 职业健康安全与环境管理

施工过程危害辨识及控制措施见表 2-3。

施工过程危害辨识及控制措施 表 2-3

序号	作业活动	危险源	控制措施
1	施工操作	塌方	支护（撑）的设置应遵循由上到下的程序，支护（撑）拆除应遵循由下而上的程序，以防止基坑（槽）失稳塌方 操作人员上下基坑（槽），严禁攀登支护或支撑上下
2	安装、拆除支撑	物体打击	实行封闭施工，无关人员不允许进入现场 立警示标志 佩戴安全帽 三宝（安全帽、安全带、安全网）四口（楼梯口、电梯口、预留洞口、通道口）日常检查
3	支撑架设	高空作业	安装支撑时应戴安全帽 安装支护（撑）横梁、锚杆等应在脚手架上进行 高空作业时应挂安全带
4	冬期施工	动火	明确办理动火证程序 确认周围是否有易燃物，并是否采取隔离措施 明确监火人
5	运输	机动车辆伤害	持证驾驶，系安全带 车辆在合格的受检期内
6	安拆支撑	起重	操作人员持有效证件 现场作业统一指挥 封闭区域、控制出入人员 严禁起重臂下站人

注：表中内容仅供参考，应根据现场实际情况进行辨识。

任务 2.2 板桩撑施工实训

板桩撑是在沟槽土方开挖前就将板桩打入槽底以下一定深度的支撑方式。其优点是：土方开挖及后续工序不受影响，施工条件良好。

板桩撑用于沟槽挖深较大，地下水丰富、有流砂现象或砂性饱和土层及采用一般支撑法不能满足要求的情况。

2.2.1　实训任务及目标

1. 实训任务

根据项目条件选取合适的板桩撑方式及工具、材料、设备，进行沟槽板桩撑施工实训操作。

2. 实训目标

通过沟槽板桩撑的实训操作，掌握沟槽板桩撑施工要点，并会根据任务要求选择合适的设备，并按施工规范要求进行实训操作。

2.2.2　实训准备

1. 实训作业条件

（1）完成场地平整和周围临时排水设施，部分基坑（槽）已挖到支撑或支护深度。

（2）对原有建筑物、道路及地下设施采取有效防护和加固措施。

（3）已编制详细的土方开挖方案，并已取得支护结构设计单位认可。

（4）有地下水的土层开挖基坑（槽）或管沟时，应先做好降低地下水位工作。

（5）各专业施工人员经培训合格后方可上岗。

2. 主要材料及要求

（1）撑杆

1）木撑杆为（100mm×100mm）～（150mm×150mm）的方木或直径150mm的圆木。

2）金属工具撑杆。

（2）钢板桩

采用拉森型，应满足挡土强度和打设时刚度的要求。

3. 主要机具设备

可选用冲击式打桩机、油压式压桩机、柴油锤桩机、蒸汽锤、落锤、振动桩锤等。

2.2.3　工艺流程及实训操作要点

1. 工艺流程

测量放线定位→安装导架→施打钢板桩→支护安装→拔除钢板桩

2. 板桩撑实训示意图（图2-4）

3. 实训操作要点

（1）测量放线定位

依据基坑、沟槽开挖设计截面宽度要求，测放出钢板桩打设位置线，用白石灰标示出钢板桩打设位置。

（2）安装导架

在钢板桩施工中，为保证沉桩轴线位置的正确和桩的竖直度，控制桩的精

图 2-4 板桩撑安装示意图

度，防止板桩的屈曲变形，提高桩的贯入能力，一般要设置一定刚度的、坚固的导架，也称"施工围檩"。

同导架采用单层双面形式，通常由导梁和围檩桩等组成，围檩桩的间距一般为 2.5～3.5m，双面围檩之间的间距不宜过大，一般比板桩墙厚度大 8～15mm，安装导架时应注意以下几点：

1）采用经纬仪和水平仪控制和调整导梁的位置。

2）导梁的高度要适宜，要有利于控制钢板桩的施工高度和提高施工效率。

3）导梁不能随着钢板桩的打设深入而产生下沉和变形等情况。

4）导梁的位置应尽量垂直，并不能与钢板桩产生碰撞。

（3）施打钢板桩（图 2-5）

钢板桩施工是本实训最关键的工序之一，在施工中要注意以下方面：

图 2-5 板桩撑施打示意图

1）打桩前，对钢板桩逐根进行检查，剔除连接锁扣处的锈蚀、变形严重的钢板桩，待修整合格后才可使用，整修后仍不合格严禁使用。

2）打桩前，可在钢板桩的锁口内涂抹油脂，以方便钢板桩的打入、拔出。

3）用吊车将钢板桩吊至插桩点处进行插桩，插桩时锁口要对准，每插一块即套上桩帽，并轻轻地加以锤击。在打桩过程中，为保证钢板桩的垂直度，用两台经纬仪在两个方向加以控制。同时，为防止锁口中心线水平位移，在围檩上预先计算出每一块板桩的位置，随时检查矫正。

4）钢板桩应分段打入，如第一次由20m高打至15m，第二次则打至10m，第三次打至导梁高度，待导架拆除后再打至设计标高。要确保第一块、第二块钢板桩的打入位置和方向，起样板导向的作用，一般打入1m测量1次。

5）在钢板桩插打过程中，每块桩的斜度不超过2%，当偏斜过大不能用拉齐方法调正时，必须拔起重打。

6）密扣且保证开挖后入土不小于2m，保证钢板桩顺利合龙。

7）为了避免沟槽土方开挖后，侧向土压力将钢板桩挤倒，钢板桩施工完毕后，用工字钢将明渠两侧的拉森钢板桩分别连成整体，位置在桩顶以下约1.5m处，用电焊条将其焊牢，然后每隔5m用空心圆形钢材，加以特制的活动节将两侧的钢板桩对称支撑。支撑时活动节的螺母必须拧紧，保证拉森钢板桩的垂直度及沟槽开挖工作面。

图2-6　板桩撑支护安装示意图

采用灌水、灌砂措施。

8）在基础沟槽开挖过程中，随时观察钢板桩的变化情况，若有明显的倾覆或隆起状态，立即在倾覆或隆起的部位增加对称支撑。

（4）支护安装（图2-6）

土方开挖至槽底设计标高后，根据要求，应及时进行支护安装。

（5）拔除钢板桩

回填后，要拔除钢板桩，以便重复使用。拔除钢板桩前，应仔细研究拔桩方法、顺序、拔桩时间及土孔处理。由于拔桩的振动影响，以及拔桩带土过多会引起地面沉降和移位，会给已施工的地下结构带来危害，并影响邻近原有建、构筑物或地下管线的安全，设法减少拔桩带土十分重要。目前主要

2.2.4　质量标准

1.一般项目

（1）支撑不得妨碍下管和稳管。

（2）支撑构件安装应牢固、安全可靠，位置正确支撑后，沟槽中心线每侧的

净宽不应小于施工方案设计要求。

（3）支护结构强度、刚度、稳定性符合设计要求。

（4）钢板桩的位置、垂直度、标高

检查要求：桩位偏差、轴线和垂直轴线方向偏差均不宜超过 50mm；垂直度偏差不宜大于 0.5%；标高偏差不大于±30mm。

2. 关键点质量评价（表 2-4）

板桩撑关键点质量评价　　　　　　　　　　　表 2-4

序号	检查项目	允许偏差或要求	检查方法
1	桩垂直度	<1%	用钢尺量
2	桩身弯曲度	<2%l	用钢尺量
3	齿槽平直度	无点焊渣或毛刺	用 1m 长的桩段做通过试验
4	桩长度	不小于设计长度	用钢尺量

注：l 为桩长。

3. 职业健康安全与环境管理

施工过程危害辨识及控制措施见表 2-3。

4. 应注意的质量问题

（1）倾斜。产生这种问题的原因：被打桩与邻桩锁口间阻力较大，而打桩行进方向的贯入阻力小。处理方法有：施工过程中用仪器随时检查、控制、纠正；发生倾斜时用钢丝绳拉住桩身，边拉边打，逐步纠正；对先打的板桩适度预留偏差。

（2）扭转。产生该问题的原因：锁口是铰式连接。处理方法有：在打桩行进方向用卡板锁住板桩的前锁口；在钢板桩之间的两边空隙内，设滑轮支架，制止板桩下沉中的转动；在两块板桩锁口搭扣处的两边，用垫铁和木楔填实。

（3）共连。产生的原因：钢板桩倾斜弯曲，使槽口阻力增加。处理方法有：发生板桩倾斜及时纠正；把相邻已打好的桩用角铁电焊临时固定。

项目 3　管道沟槽开挖施工实训

沟槽开挖是管道开槽施工必须进行的一项施工工序，包括沟槽断面形式的选择，沟槽尺寸的确定，沟槽放线定位、开挖工具及机械的选择与使用，开挖方式、回填及压实方式确定等。

任务 3.1　管道沟槽土方量计算实训

3.1.1　实训任务及目标

1. 实训任务

根据提供的项目条件选取合适的沟槽断面形式，根据施工图纸进行沟槽土方量计算实训操作。

2. 实训目标

通过管道沟槽土方量计算的实训操作，掌握计算公式各参数意义，根据任务要求分析出合适的参数并代入计算公式，准确计算出结果。

3.1.2　实训准备

实训作业条件为：

（1）施工图纸已完成深化，管道的各项参数详细。

（2）已对施工场地土质的类别、地下水位高程等进行详细勘察。

（3）已熟读施工图纸。

3.1.3　实训流程及实训操作要点

1. 实训流程

沟槽断面形式选择→沟槽底部尺寸计算→沟槽高度尺寸计算→沟槽上部尺寸计算→沟槽土方量计算→实训案例计算

2. 实训操作要点

（1）沟槽断面形式选择

正确地选择沟槽断面形式，可以为管道施工创造良好的施工作业条件。在保证工程质量和施工安全的前提下，减少土方开挖量，降低工程造价，加快施工速度。要使沟槽断面形式选择合理，应综合考虑土的种类、地下水情况、管道断面尺寸、埋深和施工环境等因素。沟槽断面形式有如图 3-1～图 3-4 所示四种形式。

1）直形槽

图 3-1　直形槽开挖示意图

2）梯形槽

图 3-2　梯形槽开挖示意图

3）混合槽

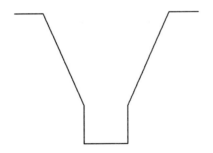

图 3-3　混合槽开挖示意图

4）联合槽

图 3-4　联合槽开挖示意图

（2）沟槽底部尺寸计算

沟槽底宽由式（3-1）确定，如图 3-5 所示。

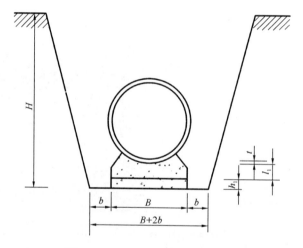

图 3-5　梯形槽底宽度参数示意图

B—管道基础宽度；b—工作宽度；t—管壁厚度；l_1—管座厚度；h_1—基础厚度

$$W_下 = B + 2b \qquad (3\text{-}1)$$

式中　$W_下$——管道沟槽底部的开挖宽度（mm）；

　　　　B——管道结构的外缘宽度（mm）（管道基础宽度）；

　　　　b——管道一侧的工作面宽度（mm）（表 3-1）。

管道一侧工作面宽度 b 尺寸表　　　　　　　　　　　　　表 3-1

管道的外径 D_0（mm）	管道一侧的工作面宽度 b_1（mm）		
	混凝土类管道		金属类管道、化学类管道
$D_0 \leqslant 500$	刚性接口	400	300
	柔性接口	300	

管道的外径 D_0（mm）	管道一侧的工作面宽度 b_1（mm）		
	混凝土类管道		金属类管道、化学类管道
$500 < D_0 \leqslant 1000$	刚性接口	500	400
	柔性接口	400	
$1000 < D_0 \leqslant 1500$	刚性接口	600	500
	柔性接口	500	
$1500 < D_0 \leqslant 3000$	刚性接口	800～1000	700
	柔性接口	600	

注：1. 管道结构宽度无管座时，按管道外皮计；有管座时，按管座外皮计；砖砌或混凝土管沟按管沟外皮计；

　　2. 沟底需设排水沟时，工作面应当加宽；

　　3. 有外防水的砖沟或混凝土沟，每侧工作面宽度宜取 800mm。

（3）沟槽高度尺寸计算

沟槽高度由式（3-2）确定，如图 3-5 所示。

$$H = H_1 + h_1 + l_1 + t \tag{3-2}$$

式中　H——沟槽开挖深度（m）；

　　　H_1——管道设计埋设深度（m）；

　　　h_1——管道基础厚度（m）；

　　　l_1——管座厚度（m）；

　　　t——管壁厚度（m）。

施工时，如沟槽地基承载力较低，需要加设基础垫层时，沟槽的开挖深度尚需考虑垫层的厚度。

（4）沟槽上部尺寸计算

1）直形槽

$$W_{上} = W_{下} \tag{3-3}$$

2）梯形槽

$$W_{上} = W_{下} + 2nH \tag{3-4}$$

式中　H——沟槽开挖深度（m）；

　　　n——坡度（表 3-2）。

深度在 5m 以内的沟槽、基坑（槽）的最大边坡　　　表 3-2

土的类别	最大边坡（1:n）		
	坡顶无荷载	坡顶有静载	坡顶有动载
中密的砂土	1:1.00	1:1.25	1:1.50
中密的碎石土（充填物为砂土）	1:0.75	1:1.00	1:1.25
硬塑的黏质粉土	1:0.67	1:0.75	1:1.00
中密的碎石类土（充填物为黏性土）	1:0.50	1:0.67	1:0.75
硬塑的粉质黏土、黏土	1:0.33	1:0.50	1:0.67
老黄土	1:0.10	1:0.25	1:0.33
软土（经井点降水后）	1:1.00	—	—

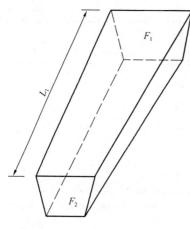

图 3-6 沟槽长度确定示意图

（5）沟槽土方量计算

沟槽土方量计算通常采用平均法，由于管径的变化、地面起伏，为了更准确地计算土方量，应沿长度方向分段计算，如图 3-6 所示。

土方量的计算公式为：

$$V_1 = \frac{1}{2} \times (F_1 + F_2) \times L_1 \qquad (3\text{-}5)$$

式中　V_1——各计算段的土方量（m^3）；

　　　　L_1——各计算段的沟槽长度（m）；

　　　　F_1、F_2——各计算段两端断面面积（m^2）。

将各计算段土方量相加即得总土方量。

（6）实训案例计算

已知某给水管线纵断面图设计如图 3-7 所示，土质为黏土，无地下水，采用人工开槽法施工，其开槽边坡采用 1：0.25，工作面宽度 $b=0.4m$，计算开挖土方量。

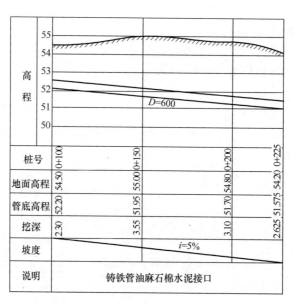

图 3-7　管线纵断面图

解：根据管线纵断面图，可以看出地形是起伏变化的。为此将沟槽按桩号 0+100～0+150，0+150～0+200，0+200～0+225 分三段计算。

1）各断面面积计算

① 0+100 处断面面积

沟槽底宽 $W = B + 2b = 0.6 + 2 \times 0.4 = 1.4m$

沟槽上口宽度 $S = W + 2nH_1 = 1.4 + 2 \times 0.25 \times 2.3 = 2.55m$

沟槽断面面积 $F_1 = \frac{1}{2}(S + W) \times H_1 = \frac{1}{2}(2.55 + 1.4) \times 2.30 = 4.54m^2$

② 0+150 处断面面积

沟槽底宽 $W=B+2b=0.6+2\times0.4=1.4\mathrm{m}$

沟槽上口宽度 $S=W+2nH_2=1.4+2\times0.25\times3.55=3.18\mathrm{m}$

沟槽断面面积 $F_2=\dfrac{1}{2}(S+W)\times H_2=\dfrac{1}{2}(3.18+1.4)\times3.55=8.13\mathrm{m}^2$

③ 0+200 处断面面积

沟槽底宽 $W=B+2b=0.6+2\times0.4=1.4\mathrm{m}$

沟槽上口宽度 $S=W+2nH_2=1.4+2\times0.25\times3.10=2.95\mathrm{m}$

沟槽断面面积 $F_3=\dfrac{1}{2}(S+W)\times H_3=\dfrac{1}{2}(2.95+1.4)\times3.10=6.74\mathrm{m}^2$

④ 0+225 处断面面积

沟槽底宽 $W=B+2b=0.6+2\times0.4=1.4\mathrm{m}$

沟槽上口宽度 $S=W+2nH_2=1.4+2\times0.25\times2.652=2.71\mathrm{m}$

沟槽断面面积 $F_4=\dfrac{1}{2}(S+W)\times H_4=\dfrac{1}{2}(2.71+1.4)\times2.652=5.39\mathrm{m}^2$

2)沟槽土方量计算

① 桩号 0+100～0+150 段的土方量

$$V_1=\frac{1}{2}(F_1+F_2)\cdot L_1=\frac{1}{2}(4.54+8.13)\times(150-100)=316.75\mathrm{m}^3$$

② 桩号 0+150～0+200 段的土方量

$$V_2=\frac{1}{2}(F_2+F_3)\cdot L_2=\frac{1}{2}(8.13+6.74)\times(200-150)=371.75\mathrm{m}^3$$

③ 桩号 0+200～0+225 段的土方量

$$V_3=\frac{1}{2}(F_3+F_4)\cdot L_3=\frac{1}{2}(6.74+5.39)\times(225-200)=151.63\mathrm{m}^3$$

故沟槽总土方量 $\Sigma V=V_1+V_2+V_3$

$$=316.75+371.75+151.63$$

$$=840.13\mathrm{m}^3$$

任务 3.2　沟槽开挖施工实训

沟槽开挖是管道开槽施工的主要工序,是按照计算出的沟槽的尺寸放线在施工场地上,采用人工或机械进行土方开挖。沟槽开挖涉及众多因素,具有一定危险性,必须按规范要求进行开挖并做好安全防范措施。沟槽开挖的质量直接影响到管道安装的质量,同时也直接影响管道施工成本。

3.2.1　实训任务及目标

1. 实训任务

确定沟槽开挖断面,沟槽尺寸放线测量,开挖工具及机械选择,沟槽开挖,沟槽开挖尺寸核定验收等。

2. 实训目标

通过沟槽板开挖的实训操作，掌握沟槽开挖施工要点，并会根据要求选择合适的开挖设备，并按施工规范要求进行开挖实训操作。

3.2.2 实训准备

1. 实训作业条件

（1）沟槽的定位控制线，必须检验合格，并办完预检手续。

（2）场地表面要清理平整，做好排水坡度，在施工区域内，要挖临时性排水沟。

（3）开挖低于地下水位的沟槽时，应根据当地工程地质资料，采取措施降低地下水位，一般要降至低于开挖地面以下50cm，然后再开挖。

（4）施工机械进入现场所经过的道路、桥梁和卸车设施等，应事先经过检查，必要时要进行加固或加宽等准备工作。

2. 主要设备及工具要求

挖掘机、推土机、铲运机、自卸汽车、平头铁锹、手锤、手推车、梯子、铁镐、撬棍、钢尺、坡度尺、小线或20号铁丝等。

3.2.3 工艺流程及实训操作要点

1. 工艺流程

测量放线定位→开挖方法选择→开挖工具选择→沟槽开挖→修整槽边清底→沟槽开挖尺寸校核→沟槽开挖验收

2. 沟槽开挖实训示意图（图3-8）

图3-8 沟槽开挖实训示意图

3. 实训操作要点

（1）测量放线定位

1）测量步骤

第一步是进行一次站场的基线桩及辅助基线桩、水准基点桩的测量，复核测量时所布设的桩橛位置及水准基点标高是否正确无误，在复核测量中进行补桩和护桩工作。通过第一步测量可以了解给水排水管道工程与其他工程之间的相互关系。

第二步按设计图纸坐标进行测量，对给水排水管道及附属构筑物的中心桩及各部位置进行施工放样，同时做好护桩。施工测量的允许误差，应符合表 3-3 的规定。

施工测量允许误差表　　　　　　　　　　表 3-3

项　目	允许误差
水准测量高程闭合差	平地 $\pm 20\sqrt{L}$（mm）
	山地 $\pm 6\sqrt{L}$（mm）
导线测量方位角闭合差	$\pm 40\sqrt{n}$（"）
导线测量相对闭合差	1/3000
直接丈量测距两次较差	1/5000

注：1. L 为水准测量高程闭合路线的长度（mm）；

2. n 为水准或导线测量的测站数。

给水排水管线测量工作应有正规的测量记录本，认真、详细地做好记录，必要时应附示意图，并应将测量的时间、工作地点、工作内容，以及司镜、记录、对点、拉线、扶尺等参加测量人员的姓名逐一记入。测量记录应有专人妥善保管，随时备查，应作为工程竣工必备的原始资料加以存档。

2）管道放线（图 3-9）

给水排水管道及其附属构筑物的放线，可采取经纬仪定线，采用直角交会法或直接丈量法。

图 3-9　沟槽开挖放线测量示意图

给水排水管道放线前，应沿管道走向，每隔 200m 左右用原站场内水准基点设临时水准点一个。临时水准点应与邻近固定水准基点闭合。

给水管道放线，一般每隔 20m 设中心桩；排水管道放线，一般每隔 10m 设 1 个中心桩。给水排水管道在阀门井室处、检查井处、变换管径处、管道分枝处均应设中心桩，必要时设置护桩或控制桩。

给水排水管道放线抄平后，应绘制管路纵断面图，按设计埋深、坡度，计算挖深。

（2）开挖方法选择

土方开挖方法分为人工开挖和机械开挖两种。为了减轻繁重的体力劳动，加快施工速度，提高劳动生产率，应尽量采用机械开挖。

1）人工开挖：适用于土方量不大，深度 3m 以内；如超 3m，建议用机械开挖或者分层开挖，每层深度为 2m，层与层间留台，放坡开槽不应小于 0.8m，直槽不应小于 0.5m。

2）机械开挖：沟槽挖土机适用于开挖场地为一～四类，含水率不大于 27％的土壤及爆破后的岩石与冻土。

（3）开挖工具选择

沟槽开挖常用的施工机械有单斗挖土机和多斗挖土机两类。

1）正铲挖土机

它适用于开挖停机面以上的一～三类土，一般与自卸汽车配合完成整个挖运任务。可用于开挖高度大于 2.0m 的大型基坑及土丘。其特点是：开挖时土斗前进向上，强制切土，挖掘力大，生产率高。其外形如图 3-10 所示。

图 3-10　正向铲挖掘机

2）反向铲

反铲挖掘机的铲斗也与斗杆铰接，其挖掘动作通常由上向下，斗齿轨迹呈圆弧线，适于开挖停机面以下的土壤。刨铲挖掘机的铲斗沿动臂下缘移动，动臂置于固定位置时，斗齿尖轨迹呈直线，因而可获得平直的挖掘表面，适于开挖斜坡、边沟或平整场地。反向铲挖掘机如图 3-11 所示。

图 3-11　反向铲挖掘机

3）拉铲

拉铲挖掘机的铲斗呈畚箕形，斗底前缘装斗齿。工作时，将铲斗向外抛掷于挖掘面上，铲斗齿借斗重切入土中，然后由牵引索拉曳铲斗挖土，挖满后由提升索将斗提起，转台转向卸土点，铲斗翻转卸土。可挖停机面以下的土壤，还可进行水下挖掘，挖掘范围大，但挖掘精确度差。拉铲挖掘机如图 3-12 所示。

图 3-12　拉铲挖掘机

4）抓铲

抓铲挖掘机的铲斗由两个或多个颚瓣铰接而成，颚瓣张开，掷于挖掘面时，瓣的刃口切入土中，利用钢索或液压缸收拢颚瓣，挖抓土壤，松开颚瓣即可卸土。其用于基坑或水下挖掘，挖掘深度大，也可用于装载颗粒物料。土方工程中常用的中小型挖掘机，其工作装置可以拆换，换装上不同铲斗，可进行不同作业。抓铲挖掘机如图 3-13 所示。

图 3-13　抓铲挖掘机

（4）沟槽开挖

1）开挖的顺序确定

① 开挖应从上到下分层分段进行，人工开挖基坑（沟槽）的深度超过 3m 时，分层开挖的每层深度不宜超过 2m。

② 机械开挖时，分层深度应按机械性能确定。如采用机械开挖基坑（槽）或管沟时，应合理确定开挖顺序、路线及开挖深度。挖土机沿沟槽边缘移动时，机械距离边坡上缘的宽度不得小于基坑（槽）或管沟深度的 1/2。

2）沿灰线切出槽边轮廓线

由技术人员和施工员组织，在需要挖土的地方撒白灰线，沿灰线切出槽边轮廓线。

3）分层开挖

① 如采用人工挖土，一般黏性土可自上而下分层开挖，每层深度以 60cm 为宜，从开挖端逆向倒退按踏步形挖掘。碎石类土先用镐翻松，正向挖掘，每层深

度视翻土厚度而定，每层应清底和出土，然后逐步挖掘。

② 开挖基坑（槽）和管沟，不得挖至设计标高以下，如不能准确地挖至设计基底标高时，可在设计标高以上暂留一层土不挖，以便在抄平后，由人工挖出。

③ 暂留土层：一般铲运机、推土机挖土时，为 20cm 左右；采用反铲、正铲和拉铲挖土时，以 30cm 左右为宜。

④ 基坑（槽）管沟的直立帮和坡度，在开挖过程和敞露期间应防止塌方，必要时应加以保护。

⑤ 在开挖槽边弃土时，应保证边坡和直立帮的稳定。当土质良好时，抛于槽边的土方（或材料）应距槽（沟）边缘 1m 以外，高度不宜超过 1.5m；在 1m 以内不准堆放材料和机具。

槽边堆土时应考虑土质、降水影响等不利因素，并制定相应保护措施。

图 3-14　沟槽尺寸核对示意图

（5）修整槽边清底

在暂留 200mm 的土层上钉木桩，间距 3～5m，外露 300mm。用水准仪抄好距槽底 300mm 的水平线，然后拉线用人工将暂留土层挖到设计标高，将挖出的土及时运到机械能挖到的地方，以便及时运走。同时由两端轴线引桩拉通线，检查距槽边尺寸，保证开挖尺寸符合要求。基槽内人员上下应采用专用爬梯。

（6）沟槽尺寸校核

按照计算得到的沟槽尺寸，组织技术人员进行现场测量，误差要符合开挖质量标准要求（图 3-14）。

（7）沟槽开挖验收

3.2.4　质量标准

1. 一般项目

按表 3-4 进行沟槽开挖质量校核及验收。

沟槽土方开挖工程质量检验标准（mm）　　表 3-4

项目	序号	项目标高	允许偏差或允许值					检验方法
			柱基基坑基槽	挖方场地平整		管沟	地（路）面基层	
				人工	机械			
主控项目	1	标高	−50	±30	±50	−50	−50	水准仪
	2	长度、宽度（由设计中心线向两边量）	+200 −50	+300 −100	+500 −150	+100	—	经纬仪或用钢尺量
	3	边坡	设计要求					观察或用坡度尺检查

续表

项目	序号	项目标高	允许偏差或允许值					检验方法
			柱基基坑基槽	挖方场地平整		管沟	地（路）面基层	
				人工	机械			
一般项目	1	表面平整度	20	20	50	20	20	2m 靠尺和楔形塞尺检查
	2	基底土性	设计要求					观察或土样分析

注：地（路）面基层的偏差只适用于直接在挖、填方上做地（路）面的基层

2. 应注意的质量问题

（1）基底超挖：开挖沟槽均不得超过基底标高。如个别地方超挖时，其处理方法应取得设计单位的同意，不得私自处理。

（2）基底未保护：沟槽开挖后应尽量减少对基土的扰动。如基础不能及时施工时，可在基底标高以上留出 0.3m 厚土层，待做基础时再挖掉。

（3）施工顺序不合理：土方开挖宜先从低处进行，分层分段依次开挖，形成一定坡度，以利排水。

（4）开挖尺寸不足：沟槽底部的开挖宽度，除结构宽度外，应根据施工需要增加工作面宽度。如排水设施、支撑结构所需的宽度，在开挖前均应考虑。

（5）沟槽边坡不直不平，基底不平时，应加强检查，随挖随修，并认真验收。

任务 3.3 管道沟槽回填压实施工实训

给水排水管道施工完毕并经检验合格应及时进行土方回填。以保证管道的正常位置，避免沟槽（基坑）坍塌，而且尽可能早日恢复地面交通。

回填施工包括返土、摊平、夯实、检查等施工过程。其中关键是夯实，应符合设计所规定的密实度要求。依据《给水排水管道工程施工及验收规范》GB 50268—2008 要求，管道沟槽位于路基范围内时，管顶以上 25cm 范围内回填土表层的密实度不应小于 87%，管道两侧回填土的密实度不应小于 90%；当前没有修路计划的回填土，在管道顶部以上高为 50cm，管道结构两侧密实度不应大于 85%，其余部位，当设计文件没有规定时，不应小于 90%。也可以根据经验，确定沟槽各部位回填土密实度。

3.3.1 实训任务及目标

1. 实训任务

回填摊土方法确定、压实方法确定、压实工具选择、压实度检查及验收等。

2. 实训目标

通过沟槽回填压实的实训操作，掌握沟槽回填施工要点，会根据任务要求选择合适的回填压实工具，并按施工规范要求进行回填压实施工。

3.3.2 实训准备

1. 实训作业条件

（1）填土沟槽底已按设计要求完成或处理好，并办理验槽签证。

（2）沟槽内构筑物及沟槽地下防水层、保护层等已进行检查和完成隐蔽验收手续，其结构强度已达到规定强度。

（3）管沟的回填，应在完成上下水管安装（经试水合格）后再进行。

（4）填土前，应做好水平高程的测设。沟槽边坡上按需要的间距打入水平桩。

2. 主要材料及要求

（1）回填土：宜优先利用基槽中挖出的优质土。回填土内不得含有有机杂质，粒径不应大于50mm，含水量应符合压实要求。

（2）回填材料采用经试验检验合格的灰土、砂、砂砾。要求砂石级配良好，不含植物残体、垃圾等杂物。砾石粒径在0.5～30mm之间，灰土配比按施工方案要求执行。

3. 主要设备

蛙式夯实机、内燃打夯机、履带式打夯机、轻型压路机、振动压路机。

3.3.3 工艺流程及实训操作要点

1. 工艺流程

回填准备→回填体积估算→回填→压实工具选择→压实→压实检查

2. 实训操作要点

（1）回填准备

管槽回填前，要保证沟槽内无积水、杂物等。

（2）回填体积估算

沟槽、基坑回填土体积以挖方体积减去设计室外地坪以下埋设物（包括基础垫层、基础等）体积计算。管道的沟槽回填土体积按挖方体积减去管径所占体积计算。管径在500mm以下的不扣除管道所占体积；管径超过500mm以上时，按表3-5规定扣除管道所占体积。

每米管道所占的土方体积表（m³）　　　　　　　表3-5

管道名称	直径 501～600mm	直径 601～800mm	直径 801～1000mm	直径 1001～1200mm	直径 1201～1400mm	直径 1401～1600mm
钢管	0.21	0.44	0.71	—	—	—
铸铁管	0.24	0.49	0.77	—	—	—
混凝土管	0.33	0.60	0.92	1.15	1.35	1.55

（3）回填

1）回填还土前，应建立回填还土制度。回填还土制度是为了保证回填质量而制定的操作规程。例如根据构筑物或管道特点和回填密实度要求，确定压实工具、还土土质、还土水量、还土土层厚度、压实后厚度、夯实工具的夯击次数、走夯形式等。

2）还土一般用沟槽或基坑原土，槽底到管顶以上50cm范围内，不得含有机物、冻土以及大于50mm的砖、石等硬块，冬期回填时在此范围以外可均匀掺入冻土，其数量不得超过填土总体积的15%，并且冻块尺寸不得超过100mm。在土中不应含有粒径大于30mm的砖块，粒径较小的石子含量不应超过10%。还土土质应保证回填密实，不能采用淤泥土、液化状粉砂、细砂、黏土等回填。当原土属于以上种类，应换土回填。

3）回填土应具有最佳含水量（最优含水量指的是对特定的土在一定的夯击能量下达到最大密实状态时所对应的含水量）。土的含水量对压实效果的影响很大，无论是路基压实还是沟槽回填均应控制其含水量。严格控制含水量在最佳含水量的±2%的范围内。

4）填土摊平应从最低处开始，由下向上整宽度分层铺填碾压。分段填筑时，每层接缝处应做成斜坡形，辗迹重叠0.5～1.0m。上、下层错缝距离不应小于1m。采用机械填方时，应保证边缘部位的压实质量。填土后，如设计不要求边坡修整，宜将填方边缘宽填0.5m。为保证填土压实的均匀性及密实度，避免碾轮下陷，提高碾压效率，在碾压机械碾压之前，宜先用轻型推土机或装载机推平，低速预压2～3遍，使表面平整。填土全部完成后，应进行表面拉线找平，凡超过标准高程的地方，及时依线铲平；凡低于标准高程的地方，应补土夯实。

（4）压实工具选择

沟槽回填土夯实通常采用人工夯实和机械夯实两种方法。

管顶50cm以下部分还土的夯实，应采用轻夯，夯击力不应过大，防止损坏管壁与接口，可采用人工夯实。

管顶50cm以上部分还土的夯实，应采用机械夯实。常用的夯实机械有蛙式夯实机、内燃打夯机、履带式打夯机及轻型压路机等。

1）蛙式夯实机

蛙式夯实机是利用旋转惯性力的原理制成的，由夯锤、夯架、偏心块、皮带轮和电动机等组成。电动机及传动部分装在橇座上，夯架后端与传动轴铰接，在偏心块离心力作用下，夯架可绕此轴上下摆动。夯架前端装有夯锤，当夯架向下方摆动时就夯击土壤，向上方摆动时使橇座前移。因此，蛙式夯夯锤每冲击一次，机身即向前移动一

图3-15 蛙式夯实机

步。蛙式夯实机及其构照图分别如图 3-15 和图 3-16 所示。

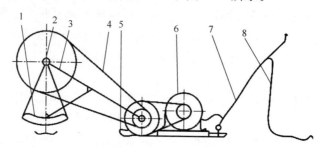

图 3-16　蛙式夯实机构造图

1—偏心块；2—前轴装置；3—夯头架；4—传动装置；5—托盘；

6—电动机；7—操纵手柄；8—电动控制设备

2）内燃打夯机

内燃打夯机又称为"火力夯"。内燃打夯机汽缸内有上、下两个活塞，上活塞是内燃活塞，下活塞是缓冲活塞。汽缸下部套装有倾斜底面的夯锤，使汽缸竖向轴线朝前偏斜。上活塞杆从汽缸顶盖中间的通孔伸出，下活塞杆从汽缸下端面伸出，并与夯锤连成一体，汽缸与夯锤之间以弹簧拉紧，并设有扶手以控制夯土机的前进方向。火力夯在可燃混合气的燃爆力作用下，朝前上方跃离地面，并在自重作用下，坠落地面夯击土壤，夯锤一跃一坠，机身就步步前移。内燃打夯机如图 3-17 所示。

3）履带式打夯机

履带式打夯机用履带起重机提升重锤，夯锤重 9.8～39.2kN，夯击高度为 1.5～5.0m。夯实土层的厚度可达 3m，它适用于沟槽上部夯实或大面积夯土工作。履带式打夯机如图 3-18 所示。

图 3-17　内燃打夯机　　　　　　图 3-18　履带式打夯机

4）轻型压路机

压路机又称为"压土机"，可用于工程项目的填方压实作业，可以碾压砂性、半黏性及黏性土壤、路基稳定土及沥青混凝土路面层。沟槽上层夯实，常采用轻型压路机，其工作效率较高。碾压的重叠宽度不得小于 20cm。轻型压路机如图 3-19 所示。

（5）压实

土方压实分层厚度及压实遍数见表 3-6。管道两侧沟槽底至管顶以上 50cm 的范围内采用人工夯实，超过管顶 50cm 以上采用蛙式打夯机夯实，砂、砂砾回填分层灌水，用插入式振动器振动，以达到设计的压实度要求。回填压实逐层进行，且不得损伤管道。管道两侧和管顶以上 50cm 范围内的压实，采用薄铺轻夯夯实，管道两侧夯实面的高差不超过 30cm。管顶 50cm 以上回填时，分层整平和夯实。

图 3-19　轻型压路机

当采用重型压实机或较重车辆在回填土上行驶时，管道顶部以上应有一定厚度的压实回填土，其最小厚度应按压实机械的规格和管道设计承载力，通过计算确定。

压实施工时的分层厚度及压实遍数　　　　　　　　　　　表 3-6

压实机具	分层厚度（mm）	每层压实遍数
平碾	250～300	6～8
振动压实机	250～350	3～4
柴油打夯机	250～250	3～4
人工打夯	<200	3～4

（6）压实检查

1）压实度要求如图 3-20 所示。

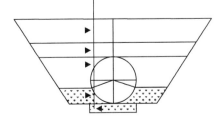

回填原状土，压实系数不小于0.9
管顶以上500mm厚素土回填，压实系数不小于0.9
胸腔部分回填素土，压实系数不小于0.95
腋下弧形砂基础回填中粗砂，压实系数不小于0.95
中粗砂垫层，压实系数不小于0.9

图 3-20　管道压实度要求图

2）密实度检查方法及要求

沟槽回填土夯实后，应检测密实度，测定的方法有环刀法和贯入法，如图 3-21所示。

图 3-21　密实度质量检查示意图

① 环刀法测密实度

环刀法是测量现场密实度的传统方法。国内习惯采用的环刀容积通常为 $200cm^3$，环刀高度通常约 5cm。用环刀法测得的密度是环刀内土样所在深度范围内的平均密度。

②贯入法测密实度

标准贯入试验是动力触探的一种，是在现场测定砂或黏性土的地基承载力的一种方法。

3.3.4　质量标准

1. 一般项目

（1）回填土料符合设计要求。取样检查或直观鉴别。做出记录，检查试验报告。

（2）分层厚度及含水量符合设计要求。用水准仪检查分层厚度。取样检测含水量。检查施工记录和试验报告。

（3）表面平整度采用水准仪或靠尺检查。控制在允许偏差范围内。

2. 关键点质量评价（表 3-7）

填土工程质量检验标准（mm）　　　　　　表 3-7

项目	序号	检查项目	桩基基坑基槽	场地平整 人工	场地平整 机械	管沟	地（路）面基础层	检查方法
主控项目	1	标高	−50	±30	±50	−50	−50	水准仪
	2	分层压实系数	设计要求					按规定方法
一般项目	1	回填土料	设计要求					取样检查或直观鉴别
	2	分层厚度及含水量	设计要求					水准仪及抽样检查
	3	表面平整度	20	20	30	20	20	用靠尺或水准仪

3. 应注意的质量问题

（1）回填土应按规定每层取样测量夯实后的干重度，在符合设计或规范要求后才能回填上一层。

（2）严格控制每层回填厚度，禁止用汽车直接卸土入槽。

（3）严格选用回填土料质量，控制含水量、夯实遍数等是防止回填土下沉的重要环节。

（4）管沟下部、机械夯填的边角位置及墙与地坪、散水的交接处，应仔细夯实，并应使用细粒土料回填。

项目 4 市政管道的铺设与安装施工实训

市政管道的沟槽开挖完毕，经验收符合要求后，应按照设计要求进行管道的基础施工。混凝土基础的施工包括支模、浇筑混凝土、养护等工序，本书不介绍该内容。基础施工完毕并经验收合格后，应着手进行管道的铺设与安装工作。管道铺设与安装包括沟槽与管材检查、排管、下管、稳管、接口、质量检查与验收等工序。

任务 4.1 市政管道排管施工实训

4.1.1 实训任务及目标

1. 实训任务
按照施工规范要求，进行市政管道排管实训，为后续下管实训作好准备。
2. 实训目标
通过市政管道排管实训操作，掌握压力与重力排管要求，并进行实训操作。

4.1.2 实训准备

1. 实训作业条件
（1）已完成沟槽开挖、支护及有关管道基础的施工；
（2）已编制详细的管道铺设与施工方案；
（3）有关操作人员培训合格。
2. 主要材料
管材，木材，钢管，麻绳，铁钩。
3. 主要设备及工具
捯链及其他所需工具及施工机械。

4.1.3 工艺流程及实训操作要点

1. 工艺流程
沟槽检查→管材检查→管材下料→管材就位→排管
2. 排管示意图（图 4-1）

3. 实训操作要点
（1）沟槽检查
排管前应对沟槽的深度、断面尺寸、坡度、平面位置和槽底标高等进行检查，确保参数符合施工要求。

图 4-1　排管实训示意图

（2）管材检查

对管道和管件的规格、型号、材质和压力等级、外观质量进行检查，确保管材符合设计要求。

（3）管材下料

按照设计图纸，结合现场尺寸，计算管道长度，进行切管和长管的预安装。

（4）管材就位

选用合适的运输及吊装设备，将管材按设计要求，运输到沟槽附近。

（5）排管

按要求将管道安放到沟槽边缘，且净距不得小于 0.5m，并注意承插口方向。

1）压力管排管要求：压力流管道排管时，对承插接口的管道，宜使承口迎着水流方向排列，这样可减小水流对接口填料的冲刷，避免接口漏水；在斜坡地区排管，以承口朝上坡为宜；同时还应满足接口环向间隙和对口间隙的要求。

2）重力管排管要求：重力流管道排管时，对承插接口的管道，同样宜使承口迎着水流方向排列，并满足接口环向间隙和对口间隙的要求。不管何种管口的排水管道，排管时均应扣除沿线检查井等构筑物所占的长度，以确定管道的实际用量。

4.1.4　质量标准

（1）管道离沟槽边安全距离：用直尺量取；

（2）承口方向是否正确：目测。

任务 4.2　下管及稳管施工实训

市政管道排管完成后，下一步施工工序是下管及稳管，下管就是根据管材种类、单节管重及管长、机械设备、施工环境等因素来选择下管方法，并将管道下放到沟槽的相应位置。无论采取哪一种下管法，一般采用沿沟槽分散下管，以减少在沟槽内的运输；当不便于沿沟槽下管，允许在沟槽内运管，可以采用集中下管法。

4.2.1 实训任务及目标

1. 实训任务

下管方法选择，下管操作，稳管方法，管道对中及对高，稳管验收等。

2. 实训目标

通过沟下管及稳管的实训操作，掌握各下管及稳管方法的特点，并按施工规范要求进行下管及稳管施工实训操作。

4.2.2 实训准备

1. 实训作业条件

（1）排管工序已经完成。

（2）管道基础及管座已经浇筑完毕，并通过验收。

（3）坡度板已按要求标准设置好，并通过校核。

（4）已编制吊装作业专项方案。

2. 主要设备及工具

手动葫芦、捯链、铁链、麻绳、撬棍、钢尺、坡度尺、小线以及各种吊装工具等。

4.2.3 工艺流程及实训操作要点

1. 工艺流程

下管准备→下管方法确定→绑扎管道→起升就位→下管→管道对中→管道对高

2. 下管实训示意图（图 4-2）

图 4-2 下管示意图

3. 实训操作要点

（1）下管准备

下管前，作业人员应与起吊人员一起踏勘现场，根据沟深、土质等确定吊车距沟边的距离（一般距沟边至少有 1m 的间隔，以免坍塌）、管材堆放位置等。吊车往返线路应事先予以平整、清除障碍。

（2）下管方法确定

应根据管道的大小与质量，现场的施工环境决定是采用人工下管还是人工配合机械下管。

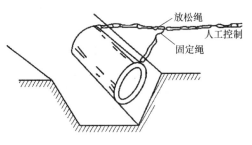

图 4-3　贯绳下管法

1）人工下管方法

① 贯绳法：其适用于管径小于 300mm，管长不超过 1m 的混凝土管。在沟槽内斜放一块杉木板，用一端带铁钩的粗绳钩住管子一端，绳子的另一端从管子内部穿过后，沿杉木板由人工徐徐放松至沟槽底部，为保护管道不受磕碰，可在底部垫些麻袋、草袋等，如图 4-3 所示。

② 溜管法：将由两块木板组成的三角木槽斜放在沟槽内，管的一端用带有铁钩的绳子钩住，绳子另一端由人工控制，将管沿三角木槽缓慢溜入沟槽内。此法适用于管径小于 300mm 的混凝土管、缸瓦管等。

③ 压绳下管法：压绳下管法是人工下管法中最常用的一种方法，适用于中、小型管子（管径为 400～800mm），方法灵活，可作为分散下管法。压绳下管法包括人工撬棍压绳下管法和立管压绳下管法等。人工撬棍压绳下管法具体操作是在沟槽上边土层打入两根撬棍，分别套住一根下管大绳，绳子一端用脚踩牢，用手拉住绳子的另一端，听从一人指挥，徐徐放松绳子，直至将管子放至沟槽底部，如图 4-4 所示。立管压绳下管法是在距离沟边一定距离处，直立埋设一节或二节管道，管道埋入一半立管长度，内填土方，将下管用两根大绳缠绕在立管上（一般绕一圈），绳子一端固定，另一端由人工操作，利用绳子与立管管壁之间的摩擦力控制下管速度，操作时注意两边放绳要均匀，防止管子倾斜，如图 4-5 所示。

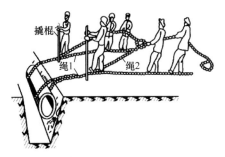

图 4-4　撬棍压绳下管法

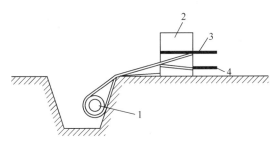

图 4-5　立管压绳下管法
1—管道；2—立管；3—放松绳；4—固定绳

④ 搭架下管法：此法适用于管径 900mm 以内，长 3m 以下的管道。常用的方法有三脚架法或四脚架法。其操作过程如下：首先在沟槽上搭设三脚架或四脚架等塔架，在塔架上安设吊链，然后在沟槽上铺方木或细钢管，将管道运至方木或细钢管上。用吊链将管道吊起，撤出原铺方木或细钢管，操作吊链使管道徐徐放入槽底，如图 4-6 所示。

井式滑车

图 4-6　搭架下管法

根据管道的大小与重量，确定起重机起重量，起升高度，幅度，跨度等。

2）机械下管方法

机械下管法一般用于管重大、管节长的管道施工。由于机械下管速度快、安全，并且可以减轻工人的劳动强度，劳动效率高，所以有条件尽可能采用机械下管法。

机械下管视管道重量选择起重机械，常用轮胎式起重机械、汽车式起重机械和履带式起重机械下管。

① 履带式起重机械

履带式起重机，是一种高层建筑施工用的自行式起重机。是一种利用履带行走的动臂旋转起重机。

履带式起重机的特点是操纵灵活，本身能回转 360°，在平坦坚实的地面上能负荷行驶。由于履带的作用，履带接地面积大，通过性好，适应性强，可带载行走，可在松软、泥泞的地面上作业，且可以在崎岖不平的场地行驶，适用于建筑工地的吊装作业。履带式起重机的缺点是稳定性较差，不应超负荷吊装，行驶速度慢且履带易损坏路面，因而，转移时多用平板拖车装运。因其行走速度缓慢，长距离转移工地需要其他车辆搬运（图 4-7）。

② 汽车式起重机械

汽车式起重机是装在普通汽车底盘或特制汽车底盘上的一种起重机，其行驶驾驶室与起重操纵室分开设置。这种起重机的优点是机动性好，转移迅速。缺点是工作时须支腿，不能负荷行驶，也不适合在松软或泥泞的场地上工作。汽车起重机的底盘性能等同于同样整车总重的载重汽车，符合公路车辆的技术要求，因而可在各类公路上通行无阻。此种起重机一般备有上、下车两个操纵室，作业时必需伸出支腿保持稳定。起重质量的范围很大，可从 8～1600t，底盘的车轴数，

图 4-7 履带式起重机械

可为 2～10 根。汽车式起重机是产量最大，使用最广泛的起重机类型（图 4-8）。

③ 轮胎式起重机械

轮胎式起重机械是利用轮胎式底盘行走的动臂旋转起重机。它是把起重机构安装在加重型轮胎和轮轴组成的特制底盘上的一种全回转式起重机，其上部构造与履带式起重机基本相同，为了保证安装作业时机身的稳定性，起重机设有四个可伸缩的支腿。在平坦地面上可不用支腿进行小起重量吊装及吊物低速行驶。它由上车和下车两部分组成。上车为起重作业部分，设有动臂、起升机构、变幅机构、平衡重和转台等；下车为支承和行走部分。上、下车之间用回转支承连接。吊重时一般需放下支腿，增大支承面，并将机身调平，以保证起重机的稳定。

与汽车式起重机相比其优点有：轮距较宽、稳定性好、车身短、转弯半径小，可在 360°范围内工作。但其行驶时对路面要求较高，行驶速度较汽车式慢，不适于在松软泥泞的地面上工作（图 4-9）。

图 4-8 汽车式起重机械

图 4-9 轮胎式起重机械

（3）绑扎管道

各点绳索规格应根据被吊管节的重量计算确定，绳索的受力大小不但和管节的重量有关，还与绳索与管节的夹角有关，夹角越小，受力越大，因此夹角宜大于 45°。

（4）起升就位及下管

1）下管时，起重机沿沟槽开行。起重机的行走道路应平坦、畅通。当沟槽两侧堆土时，其一侧堆土与槽边应有足够的距离，以便起重机开行。起重机距沟边至少 1m，以免槽壁坍塌。起重机与架空输电线路的距离应符合电力管理部门的有关规定，并由专人看管。禁止起重机在斜坡地方吊着管道回转，轮胎式起重机作业前应将支腿撑好，轮胎不应承担起吊重量。支腿距沟边要有 2m 以上距离，必要时应垫木板。在起吊作业区内，任何人不得在吊钩或被吊起的重物下面通过或站立。

2）机械下管一般为单机单管节下管。下管时，起重吊钩与铸铁管或混凝土及钢筋混凝土管端相接触处，应垫上麻袋，以保护管口不被破坏。起吊或搬运管材、配件时，对于法兰盘面、非金属管材承插口工作面、金属管防腐层等，均应采取保护措施，以防损坏，吊装闸阀等配件时不得将钢丝绳捆绑在操作轮及螺栓孔上。管节下入沟槽时，不得与槽壁支撑及槽下的管道相互碰撞，沟内运管不得扰动天然地基。

3）机械下管不应一点起吊，采用两点起吊时吊绳应找好重心，平吊轻放。

4）为了减少沟内接口工作量，同时由于钢管有足够的强度，所以通常在地面将钢管焊接成长串，然后由 2～3 台起重机联合下管，称为长串下管。由于多台设备不易协调，长串下管一般不要多于 3 台起重机。管子起吊时，管子应缓慢移动，避免摆动，同时应有专人负责指挥。下管时应按有关机械安全操作规程执行。

（5）管道对中

对中作业是使管道中心线与沟槽中心线在同一平面上重合。如果中心线偏离较大，则应调整管道位置，直至符合要求为止。

1）中心线法对中操作要点

借助坡度板作业。沟槽开挖至一定深度，每隔 15～20m 沿着沟槽设置一块横跨沟槽的木板，即为坡度板，然后测定坡度板的中心线，并钉上中心钉，使得中心钉与沟槽中心线在同一垂直位置上，各个中心钉上沿高度连线的坡度与管道设计坡度一致（图 4-10）。

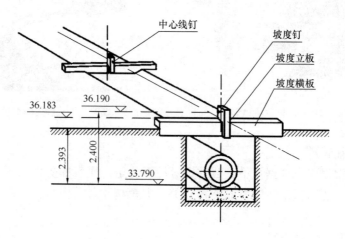

图 4-10　坡度板设置

　　然后在连接两坡度板的中心钉之间的中线上挂一垂球，当垂球通过水平尺的中心线时，即对中。排水管道的对中质量要求为±15mm范围内（图4-11）。

　　2）边线法对中操作要点

　　将坡度板上的定位钉钉在管道外皮的垂直面上。操作时只要管道向左可向右稍一移动，管道的外皮恰好碰到两坡度板间定位钉之间连线的垂线。该方法比中心线法快，但精度差（图4-12）。

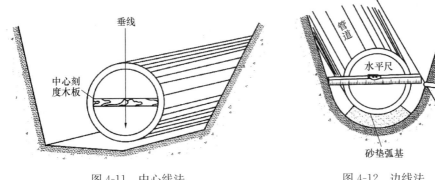

図4-11　中心线法　　　　　　　　　　図4-12　边线法

　　（6）管道对高

　　管道的对高作业是使管内底标高与设计管内底一致（图4-13）。

　　稳管时，在坡度板上标出高程钉，相邻两块坡度板的高程钉到管底标高的垂直距离相等，则两个高程钉之间连线的坡度等于管底坡度，该连线称为坡度线。坡度线不宜太长。

　　借助坡度板作业。沟槽开挖至一定深度，每隔15～20m沿着沟槽设置坡度板，然后测定坡度板的中心线，并钉上中心钉，使得中心钉与沟槽中心线在同一垂直位置上，各个中心钉上沿高度连线的坡度与管道设计坡度一致。

　　安管前，准备好必要的工具（垂球、水平尺、钢尺等），按坡度板上的中心钉、高程板上的高程钉挂中心线和高程线（至少有3块坡度板），用眼"串"一下，看有无折线，是否正常；根据给定的高程下反数，在高程尺上量好尺寸，刻上标记，经核对无误后，再进行安管。

图4-13　对高作业
1—中心钉；2—坡度板；3—高程板；
4—高程钉；5—管道基础；6—沟槽

　　安管时，在管端吊中心垂球，当管径中心与垂线对正，不超过允许偏差时，安管的中心位置即正确。小管对中可用目测，大管可用水平尺标示出管中。

　　控制安管的管内底高程：将高程线绷紧，把高程尺杆下端放至管内底上，当尺杆上的标记与高程线距离不超过允许偏差时，安管的高程正确。

4.2.4 质量标准

管道对中对高允许偏差表（mm）　　　　　　表 4-1

	检查项目		允许偏差		检查数量		检查方法
					范围	点数	
1	水平轴线		无压管道	15	每节管	1 点	经纬仪测量或挂中线用钢尺量测
			压力管道	30			
2	管底高程	$D_i \leqslant 1000$	无压管道	±10			水准仪测量
			压力管道	±30			
		$D_i > 1000$	无压管道	±15			
			压力管道	±30			

任务 4.3　机械式球墨铸铁给水管接口安装施工实训

球墨铸铁管是 20 世纪 50 年代发展起来的新型金属管材，当前我国正处于一个逐渐取代普通铸铁管的更新换代时期，而发达国家已广为使用。球墨铸铁管具有较高的强度和延伸率。与普通铸铁管相比：球墨铸铁管抗拉强度是普通铸铁管的 3 倍；水压试验为普通铸铁管的 2 倍；球墨铸铁管具有较高的延伸率。

4.3.1 实训任务及目标

1. 实训任务

材料准备、管道口处理、接口安装、接口检查及验收等。

2. 实训目标

通过机械式球墨铸铁管接口安装的实训操作，掌握机械式球墨铸铁给水管接口安装要点。

4.3.2 实训准备

1. 实训作业条件

(1) 管道下管工序完毕，管道对中、对高已完成。

(2) 原材料和半成品检验试验工作已完成。

(3) 管道已按要求切割好，并对切口进行磨平处理。

2. 主要材料及要求

(1) 球墨铸铁管：管体上应有制造厂的名称和商标、制造日期及工作压力等标记，管材及管件应符合国家现行有关标准，并具有合格证。不得有裂纹、冷隔、瘪陷、凹凸不平等缺陷，表面应完整光洁，附着牢固。

(2) 胶圈：胶圈所用材料不得含有任何有害胶圈使用寿命、污染水质的材料，并不得使用再生胶制作的胶圈。

(3) 法兰盘：表面应平整，无裂纹，密封面上不得有斑疤、砂眼及辐射状沟纹，密封槽符合规定，螺孔位置准确，应有出厂合格证。

3. 主要工具

吊具、钩子、撬棍、探尺、钢卷尺、盒尺、角尺、水平尺、线坠、铅笔、扳手、钳子、螺丝刀、签子、手锤等。

4.3.3 工艺流程及实训操作要点

1. 工艺流程

清理插口、压兰和胶圈→压兰与胶圈定位→涂刷润滑剂→对口→临时紧固→螺栓全方位紧固→检查螺栓扭矩

2. 机械式球墨铸铁管接口安装示意图（图 4-14～图 4-16）

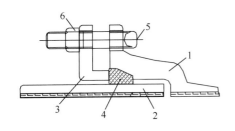

图 4-14 N1 型接口
1—承口；2—插口；3—压兰；
4—胶圈；5—螺栓；6—螺母

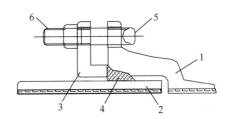

图 4-15 X 型接口
1—承口；2—插口；3—压兰；
4—胶圈；5—螺栓；6—螺母

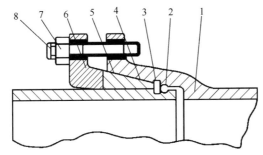

图 4-16 S 型接口连接
1—承口；2—插口；3—钢制支撑圈；4—隔离胶圈；
5—密封胶圈；6—压兰；7—螺母；8—螺栓

3. 实训操作要点

（1）清理插口、压兰和胶圈

用棉纱和毛刷将插口端外端表面、压兰内外面、胶圈表面、承口内表面彻底清洁干净。

（2）压兰与胶圈定位

插口及压兰、胶圈清洁后，吊装压兰并将其推送插口端部定位，然后用人工把胶圈套在插口上（注意胶圈不要装反）。

（3）涂刷润滑剂

在插口及密封胶圈的外表面和承口内表面涂刷润滑剂，要求涂刷均匀，不能

太多。

（4）对口

将管子吊起，使插口对正承口，对口间隙应符合设计规定。在插口进入承口并调整好管中心和接口间隙后，在管子两侧填砂固定管身，然后卸去吊具，将密封胶圈推入承口与插口的间隙。

（5）临时紧固

将橡胶圈推入承口后，调整压兰，使其螺栓孔和承口螺栓孔对正、压兰与插口外壁间的缝隙均匀。用螺栓在垂直4个方位临时紧固。

（6）螺栓全方位紧固

将接口所用的螺栓穿入螺孔，安上螺母，按上下左右交替紧固程序，均匀地将每个螺栓分数次上紧，穿入螺栓的方向应一致。

（7）检查螺栓扭矩

螺栓上紧后，应用力矩扳手检验每个螺栓扭矩。

4.3.4 质量标准

1. 机械式球墨铸铁管对口间隙质量标准（表 4-2）

机械式球墨铸铁管允许对口间隙表（单位：mm）　　　表 4-2

公称直径	A 型	K 型	公称直径	A 型	K 型	公称直径	A 型	K 型
75	19	20	500	32	32	1500	—	36
100	19	20	600	32	32	1600	—	43
150	19	20	700	32	32	1650	—	45
200	19	20	800	32	32	1800	—	48
250	19	20	900	32	32	2000	—	53
300	19	32	1000	—	36	2100	—	55
350	32	32	1100	—	36	2200	—	58
400	32	32	1200	—	36	2400	—	63
450	32	32	1350	—	36	2600	—	71

2. 螺栓紧固质量标准（表 4-3）

螺栓紧固扭矩表　　　表 4-3

管径（mm）	螺栓的紧固规格	紧固的扭矩（N·m）
75	M16	60
100～600	M20	100
700～800	M24	140
900～2600	M30	200

任务4.4　滑入式球墨铸铁给水管接口安装施工实训

球墨铸铁管采取承插式柔性接口，其工具配套，操作简便、快速。近年来滑入式柔性接口球墨铸铁管在国内外输配水工程上广泛采用，其接口为滑入式 T 型接口，操作简便、快速，工具配套，适用于 $DN80\sim DN2000$ 的输配水管道。

4.4.1　实训任务及目标

1. 实训任务

材料准备、管道口处理、接口安装、接口检查及验收等。

2. 实训目标

通过滑入式球墨铸铁管接口安装的实训操作，掌握潜入式球墨铸铁给水管接口安装要点。

4.4.2　实训准备

1. 实训作业条件

（1）管道下管工序完毕，管道对中、对高已完成。

（2）原材料和半成品检验试验工作已完成。

（3）管道已按要求切割好，并对切口进行磨平处理。

2. 主要材料及要求

（1）球墨铸铁管：管体上应有制造厂的名称和商标、制造日期及工作压力等标记，管材及管件应符合国家现行有关标准，并具有合格证。不得有裂纹、冷隔、瘪陷、凹凸不平等缺陷，表面应完整光洁，附着牢固。

（2）胶圈：胶圈所用材料不得含有任何有害胶圈使用寿命、污染水质的材料，并不得使用再生胶制作的胶圈。

3. 主要工具

吊具、钩子、撬棍、探尺、钢卷尺、盒尺、角尺、水平尺、线坠、铅笔、扳手、钳子、螺丝刀、签子、手锤等。

4.4.3　工艺流程及实训操作要点

1. 工艺流程

清理管口→清理胶圈、上胶固定→机具设备安装→在插口外表面和胶圈上刷润滑剂→顶推管子使其插入承口→检查

2. 滑入式球墨铸铁管接口安装示意图（图 4-17）

3. 实训操作要点

（1）清理管口

将承口内的所有杂物予以清除，并擦洗干净（图 4-18）。

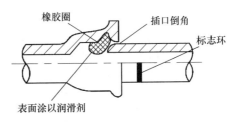

图 4-17　滑入式接口

（2）清理胶圈、上胶固定

将胶圈上的粘接物清擦干净，把胶圈弯成心形或花形（大口径）装入承口槽内，并用手沿整个胶圈按压一遍，确保胶圈各个部分不翘不扭，均匀一致地卡在槽内（图 4-19）。

（3）机具设备安装

将准备好的机具设备安装到位，安装时防止将已清理的管道再次污染。

图 4-18　管口清理示意图

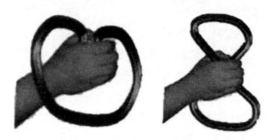

图 4-19　胶圈安装示意图

（4）在插口外表面和胶圈上刷润滑剂

润滑剂由厂方提供，也可用肥皂水将润滑剂均匀地刷在承口内已安装好的胶圈内表面，在插口外表面刷润滑剂时，应注意刷至插口端部的坡口处。

（5）顶推管子使之插入承口

根据施工条件、管径和顶推力的大小以及机具设备情况确定。常用的安装方法有：撬杠顶入法、千斤顶拉杆法、捯链（手拉葫芦）拉入法等。如捯链（手拉葫芦）法为：在已安装稳固的管子上拴住钢丝绳，在待拉入管子承口处放好后背横梁，用钢丝绳和捯链绷紧对正，拉动捯链，即将插口拉入承口中，每接一根管子，将钢拉杆加长一节，安装数根管子后，移动一次栓管（图 4-20）。

图 4-20　管口拉入示意图

（6）检查

检查插口推入承口的位置是否符合要求，用探尺伸入承插口间隙中检查胶圈位置是否正确。

4.4.4　质量标准

（1）外观检查：承插深度是否到位。

（2）强度检查：做强度压力试验，压降是否符合规范要求。

（3）每个接口最大偏转角不得超过表 4-4 的规定。

橡胶圈接口最大允许偏转角　　　　　　　　　　　表 4-4

公称直径（mm）	100	125	150	200	250	300	350	400
允许偏转角度	5°	5°	5°	5°	4°	4°	4°	3°

检查方法：观察和尺量检查。

任务 4.5　钢管给水管焊接接口安装施工实训

钢管因具有强度高、韧性好等特点，在一些恶劣和复杂的环境、大口径给水管道中使用，目前多数采用衬塑钢管。目前普遍使用的是承插式焊接接口的钢管，把传统钢管的对接焊缝接口改为搭接焊缝接口，提高了接口焊的质量。

4.5.1　实训任务及目标

1. 实训任务

材料准备、管道口处理、接口安装、接口检查及验收等。

2. 实训目标

通过钢管给水管焊接接口安装的实训操作，掌握钢管给水管焊接接口安装要点。

4.5.2　实训准备

1. 实训作业条件

（1）进入现场的焊材应符合相应标准和技术文件规定要求，并具有质量证明书。

（2）已做好焊接工艺方案，且环境符合施焊要求。

（3）焊接工艺评定按相应规程、标准规定的要求完成。

（4）管道已按要求切割好。

2. 主要材料及要求

（1）进入现场的钢管管材、管件等应符合相应标准和设计文件规定要求，并具有材料质量证明书或材质复验报告。

（2）施工现场的焊材二级库已建立并正常运行。焊材的管理按《焊接材料质量管理规程》JB/T 3223—2017 规定执行。

3. 主要设备及要求

（1）焊机等设备完好，性能可靠。计量仪表正常，并经检定合格且有效。

（2）角向磨光机、钢丝刷、凿子、榔头等焊缝清理与修磨工具配备齐全。

4.5.3 工艺流程及实训操作要点

1. 工艺流程

管道坡口加工→组对→定位焊→预热→焊接→焊后热处理→焊接质量检查

2. 钢管给水管道焊接接口安装示意图（图4-21）

图4-21 焊接示意图

3. 实训操作要点

（1）管道坡口加工

坡口加工的目的是保证焊接的质量，因为焊缝必须达到一定熔深，才能保证焊缝的抗拉强度。管道需不需要坡口，与管道的壁厚有关。管壁厚度在6mm以内，采用平焊缝；管壁厚度在6～12mm，采用V形焊缝；管壁厚度大于12mm，而且管径尺寸允许工人进入管内焊接时，应采用X形焊缝（图4-22）。后两种焊缝必须进行管道坡口加工。

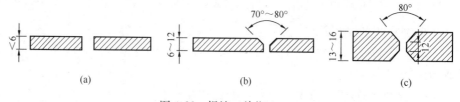

图4-22 焊缝（单位：mm）

(a) 平口；(b) V形坡口；(c) X形坡口

坡口加工宜采用机械方法，也可采用等离子切割、氧乙炔切割等热加工方法。在采用热加工方法加工坡口后，应除去坡口表面的氧化皮、熔渣及影响接头质量的表面层，并应将凹凸不平处打磨平整（图4-23）。

（2）组对

钢管焊接前，应进行管道对口。对口应使两管中心线在一条直线上，也就是

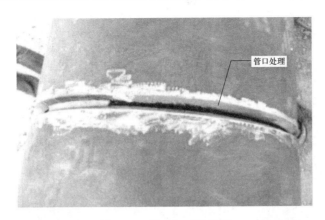

图 4-23　管口加工示意图

被施焊的两个管口必须对准，允许的错口量（图 4-24）不得超过表4-5的规定值。对口时，两管端的间隙（图 4-24）应在表 4-5 规定的允许范围内。

管子焊接允许错口量、两管端间隙值　　　　　　　　　　　　　　　表 4-5

管壁厚 s（mm）	4～6	7～9	10
允许错口量 δ（mm）	0.4～0.6	0.7～0.8	0.9
两管端间隙值 a（mm）	1.5	2	2.5

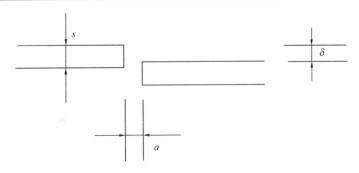

图 4-24　管端对口的错口量及两管端间缝隙
s—管壁厚（mm）；δ—错口量（mm）；a—间隙值

（3）定位焊

定位焊是为装配和固定管道两端接头的位置而进行的焊接。定位焊的起头和结尾处应圆滑，否则，易造成未焊透现象。焊接件要求预热，定位焊时也应进行预热，其温度应与正式焊接温度相同。定位焊的电流比正常焊接的电流大10%～15%。定位焊缝高度不超过设计规定的焊缝的 2/3，越小越好。含碳量大于 0.25% 或厚度大于 16mm 的焊件，在低温环境下定位焊后应尽快进行打底焊，否则应采取后热缓冷措施。定位焊应考虑焊接应力引起的变形，因此定位焊点的选定应合理，不能影响焊接质量，并保证在焊接过程中，焊缝不致开裂(图 4-25)。

图 4-25　管口定位焊示意图

（4）预热

焊前应进行预热，一般碳钢管道在壁厚大于等于 26mm 时，预热温度 100～200℃，当采用钨极氩弧焊打底时，焊前预热温度可按上述规定的下限温度降低 50℃。预热宽度以焊缝中心为基准，每侧不应少于焊件厚度的 3 倍，且不小于 50mm。测温方式可采用触点式温度计或测温笔。

（5）焊接

根据焊条与管道之间的相对位置，焊接方法可分为平焊、横焊、立焊、仰焊四种。平焊易于施焊，焊接质量易于保障，横焊、立焊、仰焊操作困难，焊接质量难以保障，故焊接时尽可能采用平焊。

焊接口在熔融金属冷却过程中，会产生收缩应力，为了减少收缩应力，施焊前应将管口预热 15～20cm 的宽度，或采用分段焊法，即将管周分成四段，按照间隔次序焊接。焊接口的强度一般不低于管材本身的强度，为此，采用多层焊法以保证质量（图 4-26）。

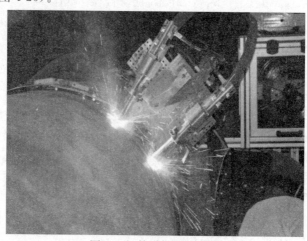

图 4-26　管道焊接示意图

（6）焊后热处理

焊接完毕后应进行热处理，以保证接口质量。焊后热处理的加热宽度，从焊缝中心算起，每侧不小于管道壁厚的3倍，且不小于60mm。焊后热处理的保温宽度，从焊缝中心算起，每侧不小于管道壁厚的5倍，以减少温度梯度。热处理加热时，力求内外壁和焊缝两侧温度均匀，恒温时在加热范围内任意两测点的温差应低于50℃。进行热处理时，测温点应对称布置在焊缝中心两侧，且不得少于两点，水平管道的测点应上下对称布置。焊接接头热处理后，应做好记录和标识。

（7）焊接质量检查

焊接完成后，应进行焊缝质量检查，检查项目包括外观检查和内部检查。外观检查项目有焊缝是否偏斜，有无咬边、焊瘤、弧坑、焊疤、焊缝裂缝、焊穿等现象；内部检查包括是否焊透、有无夹渣、气孔、裂纹等现象。焊缝内部缺陷可采用X或γ射线检查和超声波检查等（图4-27）。

图 4-27 管口质量检查示意图

4.5.4 质量标准

（1）外观检查：接口是否圆滑，有无虚焊；
（2）强度检查：做强度压力试验，压降是否符合规范要求；
（3）做各种射线检查。

任务 4.6 PE 给水管热熔接口安装施工实训

PE管材料属聚乙烯类高分子化合物，其分子由碳、氢元素组成，无有害元素，卫生可靠。在加工、使用及废弃过程中，不会对人体及环境造成不利影响，是绿色建材。PE管材不仅韧性、挠性好，而且连接性能极佳，管道连接过程中效果可靠，造价低；同时具有良好的气密性、耐腐蚀性和良好的抵抗裂纹快速传递能力，因而广泛用于市政、石油、化工、燃气等领域。

4.6.1　实训任务及目标

1. 实训任务

材料准备、管道口处理、接口安装、接口检查及验收等。

2. 实训目标

通过 PE 给水管热熔接口安装的实训操作，掌握接口安装要点。

4.6.2　实训准备

1. 实训作业条件

（1）管道下管工序完毕，管道对中、对高已完成。

（2）原材料和半成品检验试验工作已完成。

（3）管道长度已按要求切割好，并对切口进行磨平处理。

2. 主要材料及要求

PE 管：管体上应有制造厂的名称和商标、制造日期及工作压力等标记，管材及管件应符合国家现行有关标准，并具有合格证。不得有裂纹、冷隔、瘪陷、凹凸不平等缺陷，表面应完整光洁，附着牢固。

3. 主要设备

全自动或半自动热熔焊接整套设备。

4.6.3　工艺流程及实训操作要点

1. 工艺流程

准备→放置→固定→铣削→再次调整→加热→焊接→冷却

2. PE 管热熔接口安装示意图（图 4-28）

图 4-28　PE 管热熔接口安装示意图

3. 实训操作要点

（1）准备

将 PE 热熔对接焊机准备好，包括液压站、铣刀、加热板等相关电源，并将对接架平稳放置；管道、管件应根据施工要求选用配套的等径、异径弯头和三通等管件。热熔焊接宜采用同种牌号、材质的管件，对性能相似的不同牌号、材质的管件之间的焊接应先做试验（图 4-29）。

图 4-29　PE 管热熔接安装准备示意图

（2）放置

用干净的布清除两管端部的污物。将需要焊接的两段 PE 管置于机架卡瓦内，根据所焊制的管件更换基本夹具，选择合适的卡瓦，使对接两端伸出的长度大致相等且在满足铣削和加热要求的情况下应尽可能缩短（图 4-30）。

（3）固定

合上对接架的上下支架，调整两管口的错边量，并用螺栓将 PE 管固定。管材在机架以外的部分用支撑架托起，使管材轴线与机架中心线处于同一高度，然后用卡瓦紧固好。对于 $DN \leqslant 63mm$ 或者 $s < 6mm$ 的管道不允许使用热熔对接的焊接方法（图 4-31）。

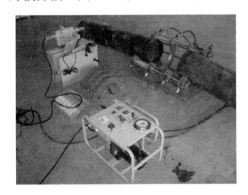

图 4-30　PE 管热熔接安装放置示意图

图 4-31　PE 管热熔接安装固定示意图

（4）铣削

置入铣刀，然后缓慢合拢两管材焊接端，并加以适当的压力，直到两端面均有连续的切屑出现，撤掉压力，稍等片刻，再退出活动架。切屑厚度应为 0.5～1.0mm，确保切削所焊管段端面的杂质和氧化层，保证两对接端面平整、光洁（图 4-32）。

（5）再次调整

因为铣削过程中可能会对固定的管材造成偏移，所以一定要再次对中、调整错边量，当然也要注意绝对不要污染端口，否则必须重新进行铣削（图 4-33）。

图 4-32　PE 管热熔接安装铣削示意图　　　图 4-33　PE 管热熔接安装调整示意图

（6）加热

将铣刀放回至提篮，并将加热板从提篮中取出放入两 PE 管中间，进行加热，待两管开始翻边并达到要求和加热板温度达到设定值后，放入机架，施加压力，直到两边最小卷边达到规定宽度时压力减小到规定值，进行吸热。保证有足够熔融料，以备熔融对接时分子相互扩散（图 4-34）。

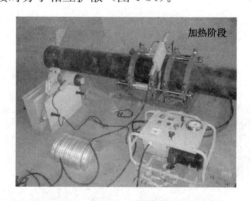

图 4-34　PE 管热熔接安装加热示意图

电容加热时间应符合表 4-6 的规定。

电熔接通电时间表　　　　　　　　　　　　　表 4-6

管径 DN（mm）	通电时间（s）	通电电压（V）
300	700	15
400	800	18
500	900	20
600	900	23
700	1000	24
800	900	32
900	900	38
1000	1000	39
1100	1100	41
1200	1200	43
1400	1300	48
1500	1800	48

（7）焊接

在热板取出的同时，立即用规定的拖动压力，迅速合拢待焊接 PE 端口（图 4-35）。

（8）冷却

对接完成后，有一个保压冷却的时间，最后冷却时间到了，焊口温度与环境温度一致，才可以卸压并拆下所焊管材，本次焊接结束（图 4-36）。

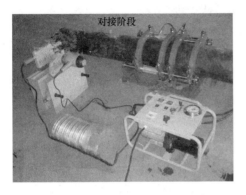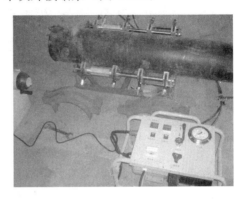

图 4-35　PE 管热熔接安装焊接示意图　　　　图 4-36　PE 管热熔接安装冷却示意图

4.6.4　质量标准

（1）外观检查：接口是否圆滑，有没有脱位现象；

（2）强度检查：做强度压力试验，压降是否符合规范要求。

任务 4.7　钢筋混凝土排水管接口安装施工实训

4.7.1　实训任务及目标

1. 实训任务

材料准备、管道口处理、接口安装、接口检查及验收等。

2. 实训目标

通过钢筋混凝土排水管接口安装的实训操作，掌握接口安装要点。

4.7.2　实训准备

1. 实训作业条件

（1）管道下管工序完毕，管道对中、对高已完成。

（2）原材料和半成品检验试验工作已完成。

（3）管道长度已按要求切割好，并对切口进行磨平处理。

2. 主要材料及要求

（1）钢筋混凝土管：管体上应有制造厂的名称和商标、制造日期及工作压力等标记，管材及管件应符合国家现行有关标准，并具有合格证。不得有裂纹、冷隔、瘪陷、凹凸不平等缺陷，表面应完整光洁，附着牢固。

（2）水泥、砂：采用425号水泥（普通硅酸盐水泥），砂子应过2mm孔径筛子，含泥量不得大于2%。质量配合比为：水泥：砂＝1：2.5，水灰比一般不大于0.5。勾捻内缝配合比：水泥：砂＝1：3，水灰比一般不大于0.5。

（3）钢丝网：20号或22号10mm×10mm方格镀锌钢丝网。

3. 主要工具

工具主要包括浆桶、刷子、铁抹子、弧形抹子等。

4.7.3　工艺流程及实训操作要点

1. 工艺流程

管口凿毛清洗→放置钢丝网→浇筑管座混凝土→勾缝→抹带→养护

2. 钢丝网水泥砂浆抹带接口（图4-37）

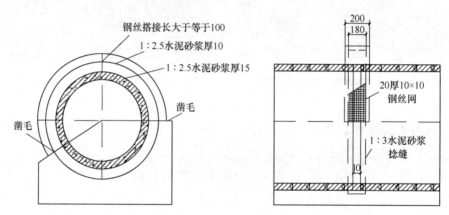

图4-37　钢丝网水泥砂浆抹带接口（单位：mm）

3. 实训操作要点

（1）管口凿毛清洗

管径大于等于600mm的管子，抹带部分的管口应凿毛，管径小于等于500mm的管子应刷去浆皮，将已凿毛的管口清理干净，洗刷水泥浆一道，并在抹带的两侧安装好弧形边模。

（2）放置钢丝网

抹第一层砂浆应压实，与管壁粘牢，厚15mm左右，待底层砂浆稍晾有浆皮后将两片钢丝网包拢使其挤入砂浆浆皮中，用20号或22号细铁丝（镀锌）扎牢，同时要把所有的钢丝网头塞入网内，使网面平整，以免产生小孔漏水（图4-38）。

（3）浇筑管座混凝土

要求模板安装稳定牢固，接缝平顺密实并满涂隔离剂。混凝土采用机械搅拌，严格按配合比下料，注意控制坍落度；浇筑混凝土前用纯水泥浆涂刷管身以保证粘结度，浇筑时从管道两侧错开进行，振捣均匀确保管底密实饱满。

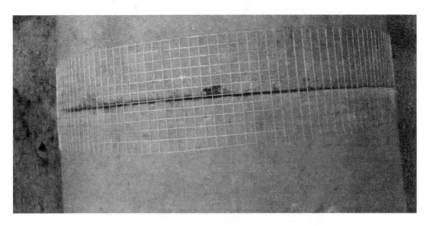

图 4-38　放置钢丝网示意图

（4）勾缝

管座部分的内缝应配合混凝土浇筑时勾捻；管座以上的内缝应在管带终凝后勾捻；也可在抹带之前勾捻，即抹带前将管缝支上内托，从外部用砂浆填实，然后拆去内托，将内缝勾捻平整，再进行抹带。勾捻管内缝时，在管内先用水泥砂浆将内缝填实抹平，然后反复捻压密实，灰浆不得高出管内壁。

（5）抹带

第一层水泥砂浆初凝后，抹第二层水泥砂浆，厚 10mm，如采用双层铁丝网，此时即按上述方法包第二层铁丝网，搭茬应与第一层错开。如采用一层铁丝网时，这一层砂浆即与模板抹平，初凝后，赶光压实，待第二层水泥砂浆初凝后，抹第三层水泥砂浆，与模板抹平，初凝后赶光压实（图 4-39）。

图 4-39　钢丝网抹带接口示意图

（6）养护

管带抹好后，立即用湿纸带覆盖，并铺以草袋或草帘，3～4h 后，要洒水养护，避免产生裂缝与脱落现象（图 4-40）。

4.7.4　质量标准

（1）外观检查：接口是抹带是否均匀，无裂纹；
（2）闭水试验检查：做闭水试验，漏水量是否符合规范要求。

图 4-40 钢丝网抹带接口养护示意图

任务4.8 双壁波纹排水管接口安装施工实训

HDPE 双壁波纹管是一种新型的轻质管材，采用高密度聚乙烯材料制成，具有质量轻、耐高压、韧性好、施工快、使用寿命长等特点，大大降低了施工成本，广泛应用于排水系统中。

4.8.1 实训任务及目标

1. 实训任务

材料准备、管道口处理、接口安装、接口检查及验收等。

2. 实训目标

通过双壁波纹排水管接口安装的实训操作，掌握接口安装要点。

4.8.2 实训准备

1. 实训作业条件

（1）管道下管工序完毕，管道对中、对高已完成。

（2）原材料和半成品检验试验工作已完成。

（3）管道长度已按要求切割好，并对切口进行处理。

2. 主要材料及要求

（1）双壁波纹排水管：管体上应有制造厂的名称和商标、制造日期及工作压力等标记，管材及管件应符合国家现行有关标准，并具有合格证。

（2）胶圈：胶圈所用材料不得含有任何有害胶圈使用寿命、污染水质的材料，并不得使用再生胶制作的胶圈。

3. 主要工具

拉紧器、麻绳、毛刷等。

4.8.3 工艺流程及实训操作要点

1. 工艺流程

检查及清理管口→放置胶圈→涂抹润滑油→标注承插深度→承插推进→检查

2. 实训操作要点

（1）检查及清理管口

安装之前，需要先检查双壁波纹管的外观是否有破裂，管子是否有质量问题，如发现必须及时修补或更换。其次检查胶圈是否和管子匹配，是否有质量问题。然后将承口和扩口连接处，用干净的毛巾进行擦拭，确保其整洁（图4-41）。

图 4-41　管口清理示意图

（2）放置胶圈

将胶圈按照正确的方向套进波纹管的承口部位，最好是在第二个波峰处，在套胶圈的过程中，不得出现扭曲、装反的情况（图4-42）。

图 4-42　胶圈放置示意图

（3）涂抹润滑油

将胶圈和承口部位涂抹润滑剂，润滑剂可使用肥皂水代替，涂抹时要适量，避免润滑剂流入承口波纹处，降低胶圈与扩口的摩擦力，进而造成胶圈翻卷的情况（图 4-43）。

图 4-43　管口涂抹润滑油示意图

图 4-44　标注承插深度示意图

（4）标注承插深度

在插口管道上做好承插深度标志，在承插推进时，以该标志为准进行控制（图 4-44）。

（5）承插推进

将麻绳绑住管道插口与承口，用拉紧器勾住绳的两端，慢慢用力收紧拉紧器，直到推进到插入深度的标志处，至此管道将连接紧密（图 4-45）。

如果管件过大，无法用拉紧器进行拉近推进，可以采用机械推进（图 4-46）。

图 4-45　人工承插推进示意图

（6）检查

安装好后，将拉紧器与麻绳拆卸下来，同时要检查两根管是否在同一水平线上，不得出现弯曲现象（图 4-47）。

4.8.4　质量标准

（1）外观检查：接口是否紧密牢固，无弯曲；

图 4-46　机械承插推进示意图

图 4-47　承插推进工具拆卸示意图

（2）闭水试验检查：做闭水试验，漏水量是否符合规范要求。

任务 4.9　压力管道质量验收实训

验收压力管道时必须对管道、接口、阀门、配件、伸缩器及其他附属构筑物进行外观检查；复测管道的纵断面；并按设计要求检查管道的放气和排水条件。管道验收还应对管道的强度和严密性进行试验。

4.9.1　实训任务及目标

1. 实训任务
作业准备、试压系统连接、试压条件确认、试压、稳压、冲洗消毒等。
2. 实训目标
通过压力管道质量验收的实训操作，掌握压力试验要点。

4.9.2　实训准备

1. 实训作业条件
（1）水压试验前必须对管道节点、接口、支墩等及其他附属构筑物的外观进行认真检查。
（2）对管道的排气系统（排气阀）进行检查和落实。

（3）落实水源、试压设备、放水及量测设备是否准备妥当和齐全、工作状况是否良好。

（4）准备试压的管段其管顶以上的回填土的厚度应不少于 0.5m（接口处不填）。

（5）试压管段的所有敞口应堵严，不能有漏水现象。

2. 主要设备及材料（表 4-7）

主要设备及材料表 表 4-7

序号	名称及型号	单位	数量	备注
1	压风机（0.7MPa、9m³/min）	台	1	
2	清管器	套	1	附跟踪仪
3	潜水泵	台	1	
4	柱塞泵	台	1	
5	闸阀	个	4	清管、试压
6	快开盲板 5MPa	个	2	清管
7	截止阀	个	4	
8	试压封头 5MPa	个	2	试压
9	压力表（精度 1.5 级、0～0.6MPa、Y-150）	块	2	试压
10	温度计（0～100℃、最小刻度 1℃）	支	2	试压
11	压力表（精度 1.5 级、0～0.6MPa、Y-150）	块	2	清管
12	排污软管	m	50	

4.9.3 工艺流程及实训操作要点

1. 工艺流程

试压准备→试压系统连接→试压标准确认→升压→稳压检验→泄压→冲洗消毒

2. 实训操作要点

（1）试压准备

1）管道试压前管段两端要封以试压堵板，堵板应有足够的强度，试压过程中与管身接头处不能漏水。

2）管道试压时应设试压后背，可用天然土壁作试压后背，也可用已安装好的管道作试压后背，试验压力较大时，会使土后背墙发生弹性压缩变形，从而破坏接口。为了解决这个问题，常用螺旋千斤顶，即对后背施加预压力，使后背产生一定的压缩变形。管道水压试验后背装置见图 4-48。后背加固安装见图 4-49。

3）管道试压前应排除管内空气，灌水进行浸润，试验管段灌满水后，应在不大于工作压力条件下充分浸泡后进行试压。浸泡时间应符合以下规定：铸铁管、球墨铸铁管、钢管无水泥砂浆衬里不小于 24h；有水泥砂浆衬里，不小于 48h。预应力、自应力混凝土管及现浇钢筋混凝土管渠，管径小于 1000mm，不小于 48h。管径为 1000mm，不小于 72h。硬 PVC 管在无压情况下至少保持 12h，进行严密性试验时，将管内水加压到 0.35MPa，并保持 2h。

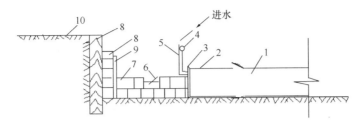

图 4-48　给水管道水压试验后背

1—试验管段；2—短管乙；3—法兰盖堵；4—压力表；5—进水管；
6—千斤顶；7—顶铁；8—方木；9—铁板；10—后座墙

图 4-49　后背加固安装示意图

（2）试压系统连接

按试压流程图将试压系统与设备用盲板切断。将不参与试压的部件拆除并用临时短管代替，膨胀节采取加限位措施，将盲板编号做好记录，并做好醒目标志（图 4-50）。

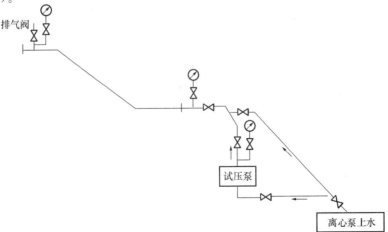

图 4-50　试验系统示意图

（3）试压标准确认

各种压力管的试压压力值见表 4-8。

压力管道水压试验压力值（单位：MPa）　　　　　　　表 4-8

管材种类	工作压力 P	试验压力 P
钢管	P	$P+0.5$ 且不小于 0.9
普通铸铁管及球墨铸铁管	$P<0.5$	$2P$
	$P\geqslant0.5$	$P+0.5$
预应力钢筋混凝土管与 自应力筋混凝土管	$P<0.6$	$1.5P$
	$P\geqslant0.6$	$P+0.3$
给水硬聚氯乙烯管	P	强度试验 $1.5P$；严密试验 0.5
现浇或预制钢筋混凝土管渠	$P\geqslant0.1$	$1.5P$
水下管道	P	$2P$

（4）升压

用手摇泵或者电动试压泵向已充满水的管道内继续充水，待升至试验压力的三分之二时，观察管道各接口是否漏水，观察无问题后，继续向管内充水升压至强度试压压力值，停止加压，观察表压下降情况。如 15min 压力降不大于 0.02MPa，且管道及附件无损坏，无漏水现象表明试验合格。试验装置如图 4-51 所示。

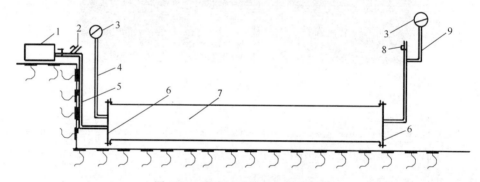

图 4-51　强度试验设备布置示意图
1—手摇泵；2—进水总管；3—压力表；4—压力表连接管；5—进水管；
6—盖板；7—试验管段；8—放气管；9—连接管

（5）稳压检验

强度试验合格后，缓慢打开放水阀，根据压力表的安装位置使管线压力降至该点严密性试验压力值，关闭放水阀，压力无波动即开始严密性试验。严密性试验稳压 24h，每隔 1h 人工记录 1 次压力值和温度值，压降不大于 1% 试验值且不大于 0.1MPa 为合格。

（6）泄压

试压验收通过后，尽快按照一定的速率泄压，整个泄压过程中，要缓慢地开关放水阀，防止水击荷载损伤组装管道，卸压时阀门一定不要完全打开。泄压时，高点必须与大气连通，为防止抽真空现象，可在低点用空压机向管段内鼓空气。

（7）冲洗消毒

在试压合格后，管道应进行一次通水冲洗和消毒，以使管道输送的水质符合《生活饮用水卫生标准》GB 5749—2006 的有关规定。

1）冲洗水源：管道冲洗要用大量的水；水源必须充足，一种情况是被冲洗的管线可直接与水源厂、地的预接管道联通，开泵冲洗。

2）冲洗流速：冲洗水的流速应为 1～1.5m/s，一般不小于 1.0m/s，否则不易将管道内的杂物冲洗掉。冲洗位置应从高处向低处冲洗，由大管向小管方向。

3）管道消毒一般采用含氯水浸泡。含氯水通常事将漂白粉溶解后，同清水注入管内而得。含氯水应充满整个管道，氯离子浓度不低于 25～50mg/L。管道灌注含氯水后，关闭所有阀门，浸泡 24h，再次冲洗，直至水质管理部门取样化验合格为止。

4.9.4　质量标准

1. 压力管道水压试验的允许压力降标准（表 4-9）

压力管道水压试验的允许压力降（单位：MPa）　　　　　　　　表 4-9

管材种类	试验压力	允许压力降
钢管	$P+0.5$，且不小于 0.9	0
球墨铸铁管	$2P$	0.03
	$P+0.5$	
预（自）应力钢筋混凝土管、预应力钢筒混凝土管	$1.5P$	
	$P+0.3$	
现浇钢筋混凝土管渠	$1.5P$	
化学建材管	$1.5P$ 且不小于 0.8	0.02

2. 稳压试验漏水率标准

钢管、铸铁管、钢筋混凝土管的管道水压试验允许漏水率见表 4-10。

管道水压试验允许漏水率 $[L/(min \cdot km)]$　　　　　　　表 4-10

管径 (mm)	钢管	球墨铸铁管	预（自）应力钢筋混凝土管	管径 (mm)	钢管	铸铁管球墨铸铁管	预（自）应力钢筋混凝土管
100	0.28	0.70	1.40	600	1.20	2.40	3.44
125	0.35	0.90	1.56	700	1.30	2.55	3.70
150	0.42	1.05	1.72	800	1.35	2.70	3.96
200	0.56	1.40	1.98	900	1.45	2.90	4.20
250	0.70	1.55	2.22	1000	1.50	3.00	4.42
300	0.85	1.70	2.42	1100	1.55	3.10	4.60
350	0.90	1.80	2.62	1200	1.65	3.30	4.70
400	1.00	1.95	2.80	1300	1.70	—	4.90
450	1.05	2.10	2.96	1400	1.75		5.00
500	1.10	2.20	3.14				

硬聚氯乙烯管强度试验的漏水率不应超过表 4-11 的规定。

硬聚氯乙烯管强度试验的允许漏水率　　　　　　表 4-11

管外径（mm）	允许漏水率［L/(min·km)］	
	粘接连接	胶圈连接
63～75	0.20～0.24	0.30～0.50
90～110	0.26～0.28	0.60～0.70
125～140	0.35～0.38	0.90～0.95
160～180	0.42～0.50	1.05～1.20
200	0.56	1.40
225～250	0.70	1.55
280	0.80	1.60
315	0.85	1.70

任务 4.10　市政管道顶管施工实训

顶管施工是一种不开挖或者少开挖的管道非开挖埋设施工技术。其施工过程是在管线的两端开挖工作坑，按照设计要求在坑内修筑基础和安装导轨，并布置后背墙和千斤顶，将管节安放在导轨上，顶进前，在管道前端开挖，然后用千斤顶将管道一节一节顶入土中，最后到达接收井，完成管道铺设（图 4-52）。

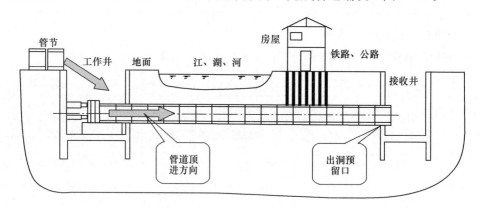

图 4-52　顶管施工简图

顶管施工具有以下特点：
（1）减少了施工占地面积和土方量；
（2）不必拆除地面上和浅埋于地下的障碍物；
（3）管道不用设置基础和管座；
（4）不影响地面交通和河道的正常通行；
（5）施工不受季节影响且噪声小，有利于文明施工；

（6）相对来说降低了施工成本。

因此顶管施工广泛应用于：穿越河流、道路、铁路与建筑等障碍物；交通量大，两侧建筑物又多的狭窄的街道；地下水位较高，土质松软的工程；管道埋深较大，土方量开挖较大的工程等。

顶管施工方法有很多，本实训以目前常用的泥水平衡顶管施工技术为代表，介绍顶管施工实训作业过程（图 4-53）。

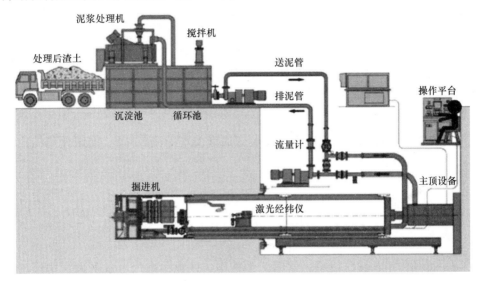

图 4-53　泥水平衡顶管施工简图

1. 实训任务及目标

（1）实训任务

工作井施工、工作井井内设备及附属构筑物施工、管道顶进、管道测量及纠偏、管道接口操作。

（2）实训目标

通过市政管道顶管施工的实训操作，掌握顶管施工要点，并会根据任务要求选择合适的设备及实施方案，并按施工规范要求进行市政管道顶管施工实训操作。

2. 实训准备

（1）实训作业条件

1）施工占地范围内拆迁到位，工作坑位置地下管线已改移或采取加固措施。

2）场地平整，临时道路畅通，临时用水、用电已安装完毕。

3）工作坑的地下水位低于坑底 0.5m。

4）全部设备经过检查，并经试运转确认正常。

（2）技术准备

1）做好现场调查，详细了解地质资料及地下管线情况，确定施工方案。

2）完成测量交接桩，校测控制点、坐标点、水准点，进行拴桩、补桩等工作。

3）施工前向作业人员进行施工技术和安全交底。

（3）材料准备

1）钢筋混凝土管（加强型）、滑动橡胶圈、膨润土、石蜡、油麻、石棉、密封胶。

2）进泥、排泥管（直径通常为110mm）。

3）电缆（音频线、视频线、控制线、信号线、动力线）。

4）钢筋、水泥、工字钢、方木、大板。

（4）主要机具设备

1）主要设备

① 顶管机头、主顶油缸、主顶泵站、主顶后靠背、中继间。

② 工具管、圆形顶铁、U形顶铁、主顶导轨。

③ 注润滑浆设备、洞口止水装置。

④ 进泥泵、排泥泵、启动柜、基坑旁通（泥水配流装置）、泥浆分离器、倒浆泵、调浆设备。

2）辅助设备

① 泥浆检测仪、流量检测计、密度检测计、激光经纬仪、全站仪、水准仪。

② 电焊机、气焊设备、卷扬机、捯链、通风设备、照明设备。

3）主要机械：汽车吊、自卸汽车。

4）工具：手电钻、扳手、管钳、手推车、铁锹、塔尺、水平尺、钢尺、锤球、小线等。

3. 工艺流程及主要实训操作要点

（1）工艺流程（图4-54）

（2）顶管施工实训示意图（图4-55）

（3）主要实训操作要点

1）测量放线

使用全站仪或经纬仪放出工作坑开挖边线，用水准仪测出工作坑现况地面标高，并在工作坑附近测设施工水准点，计算开挖深度，工作坑的大小尺寸由管径及现场位置条件等计算。

2）工作坑制作

① 工作坑的长度（图4-56）

$$L = L_1 + L_2 + L_3 + L_4 + L_5 \tag{4-1}$$

式中　L——矩形工作坑的底部长度（m）；

　　　L_1——工具管长度（m）；当采用管道第一节作为工具管时，钢筋混凝土管不宜小于0.3m；钢管不宜小于0.6m；

　　　L_2——管节长度（m）；

　　　L_3——运土工作间长度（m）；

　　　L_4——千斤顶长度（m）；

　　　L_5——后背干墙的厚度（m）。

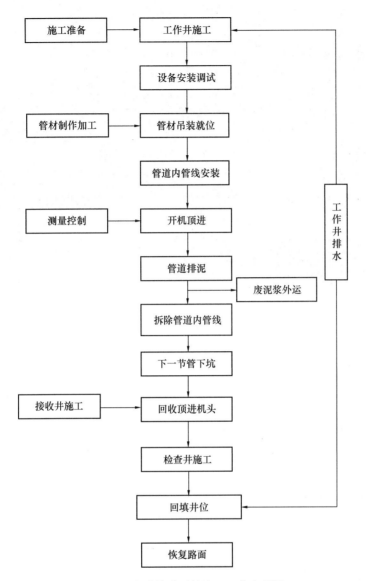

图 4-54　市政管道顶管施工工艺流程图

② 工作坑的宽度（图 4-57）

$$W = D + 2B + 2b \qquad\qquad (4\text{-}2)$$

式中　W——工作坑底宽（m）；

　　　D——顶进管节外径（m）；

　　　B——工作坑内稳好管节后两侧的工作空间（m）；

　　　b——支撑材料的厚度。支撑板时，$b=0.05$m；木板桩时，$b=0.07$m。

图 4-55 顶管施工实训示意图

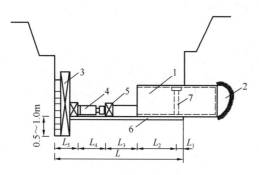

图 4-56 工作坑底的长度

1—管子；2—掘进工作面；3—后背；4—千斤顶；
5—顶铁；6—导轨；7—内胀圈

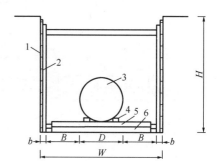

图 4-57 工作坑的底宽和高度

1—撑板；2—支撑立木；3—管子；4—导轨；
5—基础；6—垫层

③ 工作坑的深度

$$H = h_1 + h_2 + h_3 \qquad (4-3)$$

式中　H——顶进坑地面至坑底的深度（m）；

h_1——地面至管道底部外缘的深度（m）；

h_2——基础及其垫层的厚度（m）；

h_3——管道外缘底部至导轨底面的高度（m）。

④ 工作坑的施工

工作坑的施工方法有开槽式、沉井式及连续式等。

a. 开槽式工作坑

开槽式工作坑是应用比较普遍的一种支撑式工作坑。这种工作坑的纵断面形状有直槽式、梯形槽式。工作坑支撑采用板桩撑。如图 4-58 所示是一种常用的支撑方法。工作坑支撑时首先应考虑撑木以下到工作坑的空间，此段最小高度应为

3.0m，以利于操作。撑木要尽量选用松杉木，支撑节点的地方应加固以防错动发生危险。

支撑式工作坑适用于任何土质，与地下水位无关，且不受施工环境限制，但覆土太深操作不便，一般挖掘深度以不大于7m为宜（图 4-59）。

b. 沉井式工作坑

在地下水位以下修建工作坑，可采用沉井法施工。沉井法即在钢筋混凝土井筒内挖土，井筒靠自重或加重下沉，直至沉至要求的深度。最后用钢筋混凝土封底。沉井式工作坑分为单孔圆形沉井和单孔矩形沉井。

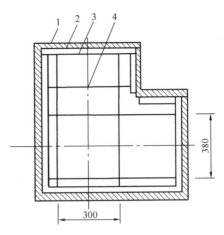

图 4-58 工作坑壁支撑（单位：cm）
1—坑壁；2—撑板；3—横木；4—撑杆

图 4-59 工作井支撑施工示意图

沉井下沉的方式可以采用排水下沉和不排水下沉（图 4-60）。

a）排水下沉

当施工场地的地下水位较低，施工过程中进入沉井内的地下水较少，且排水较容易时，可以考虑排水下沉的施工方法，不仅节省费用，缩短工期而且提高了工程的安全性与可控性。一般在沉井下沉的初期选用排水下沉，相比于不排水下沉，此种方法的下沉精确度较高，有利于形成下沉通道（图 4-61）。

b）不排水下沉

当施工场地地下水文条件不满足排水下沉时，应选用不排水下沉的方法。即在水位较高的透水层中施工，且向外排水不易时，采用该种方法，不排水下沉的施工方法需要进行水下封底作业。该施工工艺对技术的要求较高，且相关的配套设备也较多（图 4-62）。

⑤ 工作坑封底

沉井下沉到设计标高，待稳定后，可以进行封底，封底分为排水封底和不排水封底。

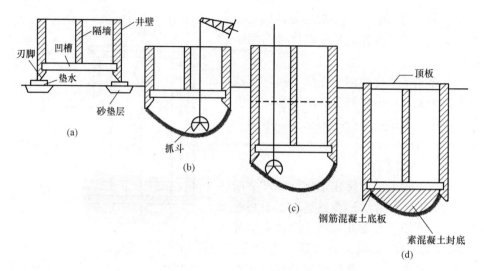

图 4-60　沉井下沉示意图

（a）浇筑井壁；（b）挖土下沉；（c）接高井壁，继续挖土下沉；
（d）下沉到设计标高后，浇筑封底混凝土，底板和沉井顶板

图 4-61　排水下沉施工示意图

3）工作坑内构筑物施工及设备安装

① 基础施工

a. 枕木基础

工作坑底土质好、坚硬、无地下水，可采用埋设枕木作为导轨基础，如图 4-63 所示。

枕木一般采用 15cm×15cm 方木，方木长度 2～4m，间距一般 40～80cm。

b. 卵石木枕基础

其适用于虽有地下水但渗透量不大，而地基土为细粒的粉砂土，为了防止安装导轨时扰动基土，可铺一层 10cm 厚的卵石或级配砂石，以增加其承载能力，并能保持排水通畅。在枕木间填粗砂找平。这种基础形式简单实用，较混凝土基础造价低，一般情况下可代替混凝土基础。

c. 混凝土木枕基础

该基础适用于地下水位高，地基承载力又差的地方，在工作坑浇筑 20cm 厚

图 4-62 不排水下沉施工示意图

的 C15 混凝土,同时预埋方木作轨枕。这种基础能承受较大的荷载,工作面干燥无泥泞,但造价较高。

② 导轨安装

导轨的作用是引导管子按设计的中心线和坡度顶进,保证管子在顶入土之前位置正确。导轨安装牢固与准确对管子的顶进质量影响较大,因此,导轨安装必须符合管子中心、高程和坡度的要求(图 4-64)。

导轨分为木导轨和钢导轨。常用的为钢导轨,钢导轨又分轻轨和重轨,管径大的采用重轨。

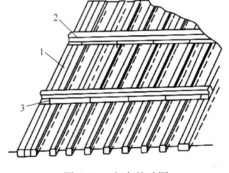

图 4-63 方木基础图
1—方木;2—导轨;3—道钉

图 4-64 轨道安装实训示意图

导轨与枕木装置如图 4-65 所示。

两导轨间净距按式（4-4）确定，如图 4-66 所示。

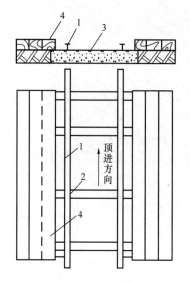

图 4-65 导轨安装图

1—导轨；2—枕木；3—混凝土基础；

4—木板

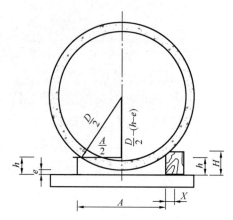

图 4-66 导轨安装间距

$$A = \{(D/2)^2 - [D/2 - (h-e)]\}^{1/2} - \{[D-(h-e)](h-e)\}^{1/2} \quad (4\text{-}4)$$

式中　A——两导轨内净距（mm）；

　　　D——管外径（mm）；

　　　h——导轨高，木导轨为抹角后的内边高度（mm）；

　　　e——管外底距枕木或枕铁顶角的间距（mm）。

若采用木导轨，其抹角宽度可按式（4-5）计算：

$$X = \{[D-(H-e)](h-e)\}^{1/2} - \{[D-(h-e)](h-e)\}^{1/2} \quad (4\text{-}5)$$

式中　X——抹角宽度（mm）；

　　　H——木导轨高度（mm）；

　　　h——抹角后的内边高度，一般 $H-h=50$mm；

　　　D——管外径（mm）；

　　　e——管外底距木导轨底面的距离（mm）；为 10～20mm。

一般的导轨都采取固定安装，但有一种滚轮式的导轨，如图 4-67 所示，具有两导轨间距调，以减少导轨对管子摩擦。这种滚轮式导轨用于钢筋混凝土管顶管和外设防腐层的钢管顶管。

应按管道设计高程、方向及坡度铺设导轨，要求两轨道平行，各点的轨距相等。

导轨装好后应按设计检查轨面高

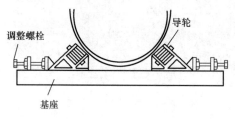

图 4-67 滚轮式导轨

程、坡度及方向。检查高程时在第 n 条轨道的前后各选 6～8 点,测其高程,允许误差 0～3mm。稳定首节管后,应测量其负荷后的变化,并加以校正。还应检查轨距,两轨内距误差为 ±2mm。在顶进过程中,还应检查校正轨距,保证管节在导轨上不产生跳动和侧向位移。

③ 后背与后背墙施工

后背与后背墙是千斤顶的支撑结构,在管子顶进过程中所受到的全部阻力,可通过千斤顶传递给后背及后背墙。为了使顶力均匀地传递给后背墙,在千斤顶与后背墙之间设置木板、方木等传力构件,称为后背。后背墙应有足够的强度、刚度和稳定性,当最大顶力发生时,不允许产生相对位移和弹性变形。

常用的后背墙有原土后背墙、人工后背墙等。当土质条件差、顶距长、管径大时,也可采用地下连续式后背墙、沉井式后背墙和钢板桩式后背墙。

a. 原土后背墙

后背墙最好采用原土后背墙,这种后背墙造价低廉、修建简便,适用于顶力较好,土质良好,无地下水或采用人工降低地下水效果良好的情况。一般的黏土、粉质黏土、砂土等都可采用原土后背墙。

原土后背墙安装时,紧贴垂直的原土后背墙密排 15cm × 15cm 或 20cm×20cm 的方木,其宽度和高度不小于所需的受力面积,排木外侧立 2～4 根立铁,放在千斤顶作用点位置,在立铁外侧放一根大刚度横铁,千斤顶作用在横铁上,如图 4-68 所示。

b. 混凝土后背墙

当后方无原土或者土质较松软时,可以在工作井的后方浇筑一座与工作坑宽度相等的,厚度为 0.5～1m

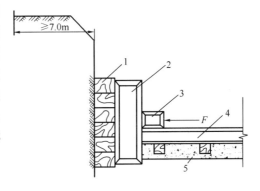

图 4-68　原土后背墙示意图
1—方木;2—立铁;3—横铁;4—导轨;5—基础

的,下部能插入工作井底板以下 0.5～1m 的钢筋混凝土墙。

④ 顶进设备安装

a. 千斤顶

千斤顶是掘进顶管的主要设备,目前多采用液压千斤顶。液压千斤顶分为活塞式和柱塞式两种。按作用方式有单作用液压千斤顶及双作用液压千斤顶,顶管施工常用双作用液压千斤顶。为了减少缸体长度而又要增加行程长度,宜采用多行程或长行程千斤顶,以减少搬放顶铁时间,提高顶管速度(图 4-69)。

按千斤顶在顶管中的作用一般可分为:用于顶进管节的顶进千斤顶;用于校正管节位置的校正千斤顶;用于中继间顶管的中继千斤顶。千斤顶的顶力一般为 $2×10^3～4×10^3$ kN,顶程 0.5～4m(表 4-12)。

图 4-69　千斤顶安装示意图

常用千斤顶性能表　　　　　　　　　　　　　　表 4-12

名称	活塞面积 (cm²)	工作压力 (MPa)	起重高度 (mm)	外形高度 (mm)	外径 (mm)
武汉 200t 顶镐	491	40.7	1360	2000	345
广州 200t 顶镐	414	48.3	240	610	350
广州 300t 顶镐	616	48.7	240	610	440
广州 500t 顶镐	715	70.7	260	748	462

　　千斤顶在工作坑内的布置与采用个数有关，如图 4-70 所示。如一台千斤顶，其布置为单列式，应使千斤顶中心与管中心的垂线对称。使用多台并列式时，其布置为双列和环周列。顶力合作用点与管壁反作用力作用点应在同一轴线上，防止产生顶进力偶，造成顶进偏差。根据施工经验，采用人工挖土，管上半部管壁与土壁有间隙时，千斤顶的着力点作用在管垂直直径的 1/5～1/4 处为宜。

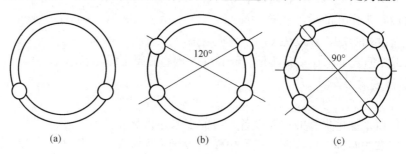

图 4-70　千斤顶布置方式图
（a）单列式；（b）双列式；（c）环周列式

　b. 高压油泵

　　由电动机带动油泵工作，一般选用额定压力 32MPa 的柱塞泵，油经分配器、控制阀进入千斤顶，各千斤顶的进油管并联在一起，保证各千斤顶活塞的行程一致（图 4-71）。

c. 顶铁

顶铁又称为承压环或均压环，其作用是把千斤顶的顶力比较均匀在分布到管端面，同时延长千斤顶的行程与保护管断面，一般由型钢焊接而成。根据顶铁安放位置的不同，可分为横顶铁和顺顶铁；根据顶铁的形状不同，可分为矩形顶铁、环形顶铁和 U 形顶铁（图 4-72）。

图 4-71 高压油泵图

a）横顶铁位于千斤顶与方顶铁之间，将千斤顶的顶推力传递到两侧的方顶铁上。使用时与顶力方向垂直，起到梁的作用。

横顶铁断面尺寸一般为 300mm×300mm，长度由顶管径及千斤顶台数而定，管径为 500～700mm，其长度为 1.2m；管径 900～1200mm，长度为 1.6m；管径 2000mm，长度为 2.2m。横顶铁由型钢加肋和端板焊制而成（图 4-73）。

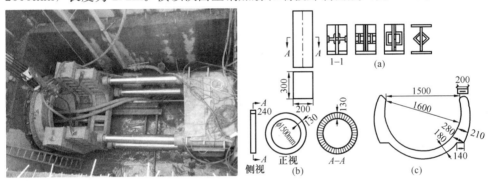

图 4-72 顶铁

（a）矩形顶铁；（b）环形顶铁；（c）U 形顶铁

b）顺顶铁（纵向顶铁）放置在横向顶铁与被顶的管子之间，使用时与顶力方向平行，起柱的作用。在顶管过程中作为调节间距的垫铁，因此顶铁的长度取决于千斤顶的行程、管节长度、出口设备等。其通常有 100mm、200mm、300mm、400mm、600mm 等长度。横截面为 250mm×300mm，两端面用厚 25mm 钢板焊平。顺顶铁的两顶端面加工应平整且平行，防止作业时顶铁发生外弹（图 4-73）。

c）U 形顶铁安放在管子端面，顺顶铁作用其上。它的内、外径尺寸与管子端面尺寸相适应。其作用是使顺顶铁传递的顶力较均匀地分布到被顶管端断面上，以免管端局部顶力过大，压坏混凝土管端。

4）洞口加固及洞口止水环安装

① 洞口加固可选用高压旋喷技术、搅拌桩技术、注浆技术（图 4-74）。

② 洞口止水环

洞口止水环安装在工作井预留洞口，具有防止地下水、泥砂和触变泥浆从管

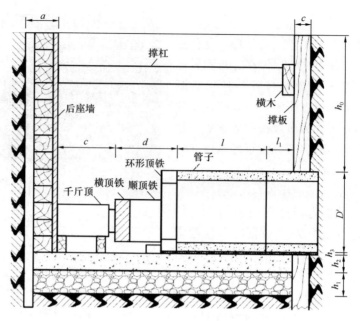

图 4-73 横、顺顶铁安装位置图

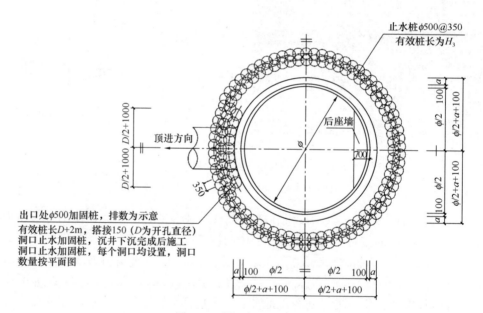

图 4-74 洞口加固示意图

节与止水环之间的间隙流到工作井（图 4-75）。

5）泥水式排泥系统设备安装

排泥系统有两个作用：一是排土，二是平衡地下水。泥水式排泥系统的主要设备包括进排泥浆泵、泥浆管、泥水处理装置、泥水箱等（图 4-76）。

6）触变泥浆系统

触变泥浆系统主要的作用是减少顶进过程中的管节与土体的摩阻力。其主要设备包括拌浆、注浆和管道（图 4-77、图 4-78）。

图 4-75　洞口止水环安装示意图

图 4-76　排泥系统设备安装示意图
（a）循环管；（b）泥水分离装置；（c）进、排泥浆泵

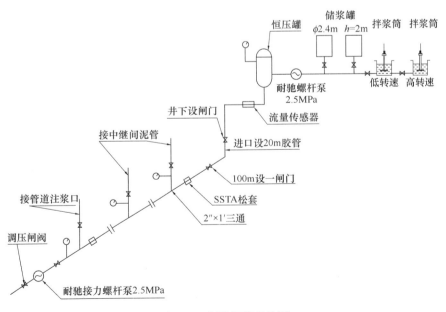

图 4-77　润滑泥浆系统图

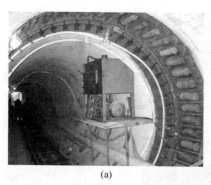 

(a)   (b)

图 4-78　润滑泥浆系统设备示意图

(a) 触变泥浆管；(b) 泥浆搅拌桶和触变泥浆泵

7）掘进机安装

用吊车将掘进机吊入工作坑内，在导轨上就位，机头刀盘应距锚喷墙洞口1m 左右，放置平稳后复测导轨标高，高程误差不超过 5mm，调整后连接动力系统、进排泥系统和操作控制系统。

8）下管就位

检查管子有无破损及裂纹，起重设备检查、试吊确认安全可靠后方可下管。第一节管子下到导轨上，测量管子中心线及前端和后端的管底高程，安装合格后方可顶进。

9）机头就位

联机试运转正常后，启动主顶油缸将机头慢慢推入洞口小导轨上，直至刀盘与土体接触。

① 根据施工实际情况安装防转装置和止退装置。

② 启动泥水输送系统各设备，依次进行基坑旁通循环、泥水舱循环，使流量、压力达到设计值。

③ 按下刀盘控制按钮，使刀盘旋转切屑土体。

④ 启动主顶泵站电机，使主顶油缸活塞伸出，这时刀盘扭矩增大，根据刀盘扭矩的大小调整主顶泵站溢流阀，同时调整泥水系统进排泥泵的转速，使机头刀盘驱动电机的电流控制在额定范围内。

10）初始顶进（图 4-79）

① 当机头顶入洞内，尾部外露 300mm 左右时，将工具管吊至导轨上与机头连接，为防止机头下倾，根据管径不同至少采用 4 根 M30 的螺栓将工具管与机头连接，顶进两节管后必须拆除连接。

② 顶进开始时，应控制主顶泵的供油量，待后背、顶铁、油缸各部位接触密合后，加大油量正常顶进。

③ 顶进过程中若发现油路压力突然增高，应停止供油，查明原因及时处理后，方可继续顶进。回镐时速度不得过快。

④ 进、排泥管连接宜采用卡箍式，安装在顶进管内底部的两侧，进、排泥泵附近及续接管处用软管连接。

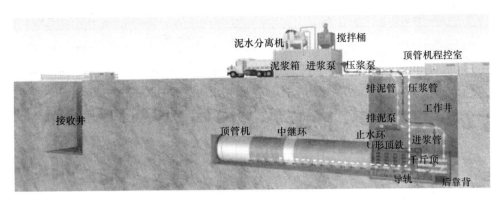

图 4-79 顶管运行示意图

⑤ 初始顶进时，加大监测次数，当机头偏差超过允许偏差（轴线位置 ±3mm、高程 0～+3mm）时，必须采取纠偏措施。

⑥ 根据土质和地下水情况，顶进一段后可拆除止退装置、防转装置。

11）续接顶进

① 当工具管顶入洞内，尾部外露 300mm 时，将第一节管吊到导轨上，检查管子的中心、前端和后端的管底高程，合格后与掘进机头（或工具管）准备插接。

② 续接管前将圆形橡胶圈套到插口上，抹好硅油，将橡胶圈推到位，插接过程中保证钢套环的同轴度，续接管与前管的承口插接好后，橡胶圈不得露出管外。

③ 续接管完成后，重新接好管内进、排泥管、机头电缆，启动泥水系统的设备，使泥水先进行基坑循环，调节进、排泥压力，使之高于泥水舱压力 0.02MPa 后再进行泥水舱循环。每顶进 1m 测量一次，记录相关数据。将管顶到位，续接下一根管。

④ 随着顶进管道里程的增加，泥水系统的输送阻力增大，使机头进泥流量、压力减小，应及时调整管路中流量与压力，使泥水压力满足顶进要求。

12）顶管测量

顶管施工时，为了使管节按规定的方向前进，在顶进前按照设计的高程和方向精确地安装导轨、修筑后背及布置顶铁。这些工作的精度要通过测量来保证（图 4-80）。

在顶进过程中必须不断观测管节前进的轨迹，检查首节管的位置是否符合设计要求。

顶管允许偏差与检验方法见表 4-13。

顶管允许偏差与检验方法　　　　　　　　　　　　　表 4-13

项目		允许偏差（mm）	检验频率		检验方法
			范围	点数	
中线位移		50	每节管	1	测量并查阅测量记录
管内底高程	DN<1500mm	+30 −40	每节管	1	用水准仪测量
	DN≥1500mm	+40 −50	每节管	1	

89

续表

项目	允许偏差（mm）	检验频率		检验方法
		范围	点数	
相邻管间错口	15%管片厚，且不大于20	每个接口	1	用尺量
对顶时管子错口	50	对顶接口	1	用尺量

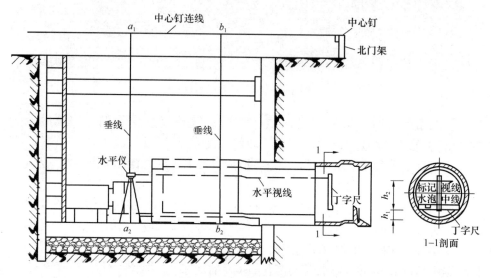

图 4-80　顶管测量示意图

13）顶管纠偏

当发现前端管节前进的方向或高程偏离原设计位置后，要及时采取措施迫使管节恢复原位再继续顶进。通常采用的方法有：挖土校正法、斜撑校正法、千斤顶校正法、衬垫校正法、激光导向法。

14）顶管接口施工

管接口中，管道的连接分临时连接和永久连接两种。顶进过程中，一般在工作坑内采用钢内胀圈进行临时连接。为了保证管子顶进中不产生错口和偏斜，提高管道的整体性，应在第一节管子顶完后，将拟顶的第二节管子和已入土的第一节管子进行临时连接，所用设备称为临时连接设备，通常采用钢板焊成的装配式内胀圈。

钢内胀圈是用 6～8mm 厚的钢板卷焊而成的圆环，宽度为 260～380mm，环外径比钢筋混凝土管内径小 30～40mm。接口时将钢内胀圈放在两个管子中间，先用一组小方木插入钢内胀圈与管内壁的间隙内，将内胀圈固定。然后两个木楔为一组，反向交错地打入缝隙内，将内胀圈牢固在固定在接口处，如图 4-81 所示。

顶管为钢管时接口采用电弧焊接。管段在顶进前与已顶入的管段，在管内焊接起来，这种接口施工简单。

钢筋混凝土企口接口处采用橡胶垫、橡胶圈及麻丝油毡等嵌缝材料。管口内侧应留有 10～20mm 的空隙；顶紧后两管间的孔隙宜为 10～15mm。具体做法见图 4-82。

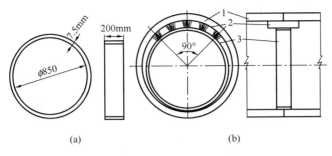

图 4-81　钢内胀圈临时连接

（a）内胀圈；（b）内胀圈支设

1—管子；2—木楔；3—内胀圈

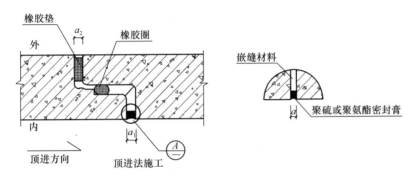

说明：

a_1、a_2 值根据管材样本确定，一般为 8～15mm。

图 4-82　钢筋混凝土管企口接口做法示意图

15）管道接口质量验收

按管道质量验收要求，做好管道的强度试验，严密性试验，闭水试验，并组织验收。

16）检查井砌筑

顶管单元段质量验收合格后，及时进行检查井的砌筑。

17）支撑的拆除，回填

拆除支撑前，应对沟槽两侧的建筑物和槽壁进行安全检查，并制定拆除支撑的实施细则和安全措施。支撑的拆除应与回填土的填筑高度配合进行，且在拆除后应及时回填。

4．质量标准

（1）主控项目

1）工作坑应有足够的工作面。

2）工作坑支护牢固，宜形成封闭式框架。

3）管道外壁与土体的空隙必须进行注浆。

（2）一般项目

1）接口必须严密、平顺。

2）两根导轨应直顺、平行、等高、安装牢固，其纵坡与管道设计一致。

3）后背墙壁面与管道顶进方向应垂直。

4）管道内不得有泥土、石子、砂浆、砖块、木块等杂物。

5）顶进管道允许偏差见表 4-14。

顶管允许偏差表 表 4-14

序号	项 目		允许偏差（mm）	检验频率		检验方法
				范围	点数	
1	中线位移	$D<1500mm$	30mm	每节管	1	测量并查阅测量记录
		$D\geqslant1500mm$	50mm			
2	管内底高程	$D<1500mm$	＋10，－20	每节管	1	用水准仪测量
		$D\geqslant1500mm$	＋20，－40			
3	相邻管间错口	$D<1500mm$	≤10	每个接口	1	用尺量
		$D\geqslant1500mm$	≤20			

6）顶管工作坑、后背、导轨允许偏差见表 4-15。

工作坑、后背、导轨允许偏差表 表 4-15

序号	项目		允许偏差（mm）	检验频率		检验方法
				范围	点数	
1	后背	垂直度	$0.1\%H$	每座	1	用垂线与角尺量
		水平与中心线偏差	$0.1\%L$		1	
2	工作坑每侧宽度、长度		不小于设计规定	每座	2	用尺量
3	导轨	高程	＋3，0	每座	1	用水准仪测量
		中心位移	左3以内右3以内		1	用经纬仪测量

注：H 为后背墙的高度（mm）；L 为后背墙的长度（mm）。

项目 5　道路工程施工实训

任务 5.1　道路工程施工组织设计实训

施工组织设计是用来指导施工项目全过程各项活动的技术、经济和组织的综合性文件,是施工技术与施工项目管理有机结合的产物,它能保证工程开工后施工活动有序、高效、科学合理地进行。

5.1.1　实训任务及目标

1. 实训任务

根据市政工程勘察报告和施工设计图纸,在考查现场施工条件的基础上,编制一套涵盖技术、经济和管理的市政工程施工组织设计。

2. 实训目标

通过本实训,掌握工程项目施工组织设计的编制依据、编制程序、编制方法和主要内容,以提高市政工程的施工效率和管理水平。

5.1.2　实训准备

1. 实训作业条件

(1) 工程地质勘察报告;

(2) 施工图图纸;

(3) 现场施工条件已经熟知。

2. 实训耗材及工具

电脑、打印机及 A4 纸。

5.1.3　实训流程及操作要点

1. 实训流程

工程概况→施工总体部署→施工现场平面布置→施工准备→施工技术方案→施工保证措施

2. 实训操作要点

(1) 工程概况

工程概况宜采用图表形式说明,包括:工程主要情况,承包范围,专业工程结构形式,主要工程量;现场施工条件,包括气象、工程地质、水文地质情况、影响施工的构筑(造)物情况、周边的交通道路和交通情况及可利用的资源分布情况等。

（2）施工总体部署

1）主要工程目标

主要工程目标包括施工进度目标、质量目标、安全管理目标、环境保护管理目标和成本控制目标。

2）总体组织安排

总体组织安排主要是项目部组织机构图，各级岗位职责分工。

3）总体施工安排

总体施工安排的目的是以工程实施整体的角度，在保证工期的前提下，在全局上实现施工的连续性和均衡性。

4）施工进度计划

施工进度计划是划分施工阶段，根据工期目标确定施工进度计划及施工进度关键节点，明确每一时间段内必须完成的任务。

5）总体资源配置

总体资源配置主要包括三个方面：劳动力投入计划，主要建筑材料、构（配）件和设备进场计划，主要施工机具进场计划。

（3）施工现场平面布置

施工现场平面布置内容主要包括：生产区、生活区和办公区等，临时便道、便桥的位置和结构形式，确定加工厂、材料堆放场、拌合站、机械停放场等的位置、面积及结构组成和运输途径，确定施工现场临时用水、临时用电的布置安排，确定现场消防设施的配置等。

（4）施工准备

施工准备主要包括技术准备、现场准备和资金准备，技术准备是核心。

（5）施工技术方案

1）分部分项施工工艺流程

分部分项施工工艺流程主要为施工起点、流向和施工顺序，施工工艺流程图。

2）分部分项施工方法

（6）施工保证措施

1）进度保证措施

进度保证措施主要包括管理措施和技术措施两方面。

2）质量保证措施

质量保证措施主要包括管理措施和技术措施两方面。

3）安全管理措施

建立安全施工管理组织机构，明确职责和权限；建立各项安全施工管理制度；制定安全控制措施；编写安全专项施工方案；编制安全施工管理资源配置计划。

4）环境保护及文明施工管理措施

建立组织机构，制定职责和权限；建立环境保护及文明施工检查制度；制定施工现场环境保护措施；制定施工现场文明施工管理措施。

5）成本控制措施

建立以项目经理为中心的成本控制体系，包括管理措施、技术措施、经济措施。

6）季节性施工保证措施

季节性施工保证措施主要包括雨期施工保证措施，冬期低温施工保证措施，夏季高温施工保证措施，台风季节施工保证措施。

7）交通组织措施

交通组织措施主要为交通现状情况，交通组织安排。

8）构（建）筑物及文物保护措施

构（建）筑物及文物保护措施主要为构（建）筑物情况，构（建）筑物及文物保护措施。

9）应急措施

应急措施主要为事故应急处置程序，现场应急处置措施。

5.1.4　质量标准

（1）内容编制齐全，辅以图表。

（2）工程目标需要结合企业情况及合同确定。

（3）项目经理部的组织机构及管理层次，应结合施工管理实际情况、工程的规模、复杂程度、地域范围等特点确定。各层次的责任分工，应包括项目经理、项目总工、项目副经理、项目经理部各职能科室、各专业班组等方面。宜采用框图形式辅助文字说明。

（4）结合施工顺序及空间组织、逻辑关系。桥梁工程、地下管线等专业工程需考虑施工时的空间组织。对施工作业的衔接，要统筹安排紧密，一环扣一环，杜绝人为的窝工，造成人、材、机浪费。

（5）施工进度计划要符合总体施工安排确定的施工顺序及空间组织。施工进度计划建议采用网络图，也可以采用横道图及进度计划表的形式编制，附必要说明。

（6）现场所有设施、用房由总平面布置图表示，避免采用文字叙述。

（7）施工技术方案，应在准确、合理的基础上力求简洁。要求技术上先进、科学，可操作性强，投入少、经济。经过对比，最后确定。

（8）保证措施要针对工程整体编写。

任务 5.2　路基工程施工实训

路基是公路的重要组成部分，是路面的基础。路基的强度和稳定性，不仅要通过设计予以保证，还要通过施工得以实现。路基的施工质量直接影响到路面，有些新建公路投入运行不久，路面就发生破坏或下陷，其主要原因是路基的施工质量问题。路基的各种病害关系到养护维修费用增加，乃至影响交通运输的畅通与安全。

5.2.1 实训任务及目标

1. 实训任务

（1）根据道路的实际情况，选择合适的路基施工方法，形成施工工艺流程图。

（2）根据施工方法，选择相应的施工机械。

（3）为保证工程质量，在施工过程中把握施工关键工序压实，进行压实工序施工技术交底，并对每层压实度进行检测。

（4）针对已完成的道路，进行质量检验，评定道路施工质量。针对不合格的工程，查找原因，进行加固、补强或重修。

2. 实训目标

通过实训使学生能够根据项目所在地的环境、施工水平等方面进行施工方法的选择，并组织施工。掌握施工的关键工序，并对能够对工程质量进行检验；对于存在质量问题的工程，能够进行处理。

5.2.2 实训准备

1. 实训作业条件

（1）工程地质勘察报告和施工图纸已具备；

（2）某新建一级公路路基填筑工程，施工地区地形较为复杂。K8＋000～K12＋000段路堤位于横坡陡于1：5的地面；K13＋000～K14＋000段多为沟壑地带。由于本地取土困难，故拟定采用几种不同土体填料分层填筑路基。

2. 机具设备

挖掘机、装载机、推土机、平地机、压路机、打夯机、小型机具、试验检测设备（灌砂筒、弯沉仪、水准仪、经纬仪、钢尺等）。

3. 组员分工、任务细化

每4～8人一组，选出组长（轮流制，进行角色扮演），根据给出的工程项目资料及施工图纸进行分析讨论，然后每个组员独立完成相应工作，并进行资料整理。

5.2.3 工艺流程及主要实训操作要点

1. 工艺流程（图5-1）

2. 主要实训操作要点

（1）熟读工程施工图，查阅教材及相关资料，根据实训案例条件，制定施工方案，编制施工工艺流程，匹配合适的工程机械及施工要点。

（2）根据实训案例给定条件，针对特殊路段提出相应的施工方案，保证质量的措施、方法并进行技术交底。

（3）按照施工方法，在实训场地上组织施工，并在施工的过程中根据抽检频率，对已压实部分进行压实度检验，进行施工质量控制。填筑结束后，按照《公路工程质量检验评定标准 第一

码5-1 路基施工

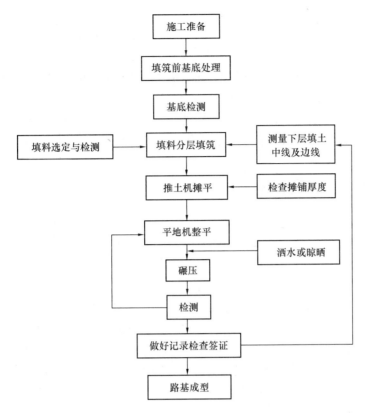

图 5-1　路基工程施工工艺流程图

册　土建工程》JTG F80/1—2017 进行路堤质量评定。

5.2.4　质量标准

按照表 5-1 对完成施工的路基进行检查验收，进行质量评定。

检查验收表

表 5-1

序号	检验项目	要求及允许偏差	验收记录
1	路基压实度	150cm 以上不小于 93％、80～150cm 之间不小于 94％、0～80cm 之间不小于 96％	
2	弯沉	不大于设计值	
3	纵断高程（mm）	+10，-15	
4	中线偏位（mm）	50	
5	宽度（mm）	不小于设计值	
6	平整度（mm）	15	
7	横坡（％）	+0.3	
8	边坡	不小于设计值	

任务5.3　路面基层施工实训

路面基层是在路基（或垫层）表面上用单一材料按照一定的技术措施分层铺筑而成的层状结构。基层是整个道路的承重层，起稳定路面的作用，其材料与质量的好坏直接影响路面的质量和使用性能。路面基层的施工质量直接影响路面面层，若基层质量不达标出现不均匀沉降，则路面面层将会出现裂缝，甚至出现凹陷。

5.3.1　实训任务及目标

1. 实训任务

（1）根据案例中既定道路的等级、基层种类和厚度、施工现场实际情况，确定基层施工方法和施工工艺流程。

（2）根据施工工艺流程，选择合适的施工机械。

（3）为保证工程质量，在施工过程中把握施工关键工序摊铺、整平、拌合、压实，制定各工序的质量控制措施，在基层施工前进行技术交底。

（4）针对已完成的道路，进行质量检验，对每层压实度、纵断高程、宽度、厚度、横坡、平整度和强度进行检测，评定道路施工质量。针对不合格的工程，查找原因，进行加固、补强或重修。

2. 实训目标

通过实训使学生能够根据项目所在地的环境、道路等级、道路结构、基层材料、施工水平、经济状况等方面选择合理的基层施工方法，按照各工序质量控制措施控制施工质量。掌握摊铺、整平、拌合、压实等关键工序的质量控制方法，并能够对工程质量进行检验，清楚基层检测项目以及各项目的检测方法，对于存在质量问题的工程，能够进行有效处理。

5.3.2　实训准备

1. 实训作业条件

（1）工程地质勘察报告和施工图纸已具备。

（2）实训案例：某新建公路路面基层填筑工程，地形属中山丘陵地带，地形较复杂，施工工地偏远，距离集中拌合厂较远。主线采用三级公路标准建设，属于中、轻交通，设计速度40km/h，路幅组成如下：0.75m 土路肩＋2×3.5m 行车道＋0.75m 土路肩＝8.5m，采用30cm 水泥稳定级配碎石作为基层。施工结束后，认定基层施工质量合格，申请下一道工序施工。水泥稳定碎石基层施工现场见图 5-2，道路结构见图 5-3。

2. 机具设备

准备小型施工机具（如推土机、平地机、压路机、洒水车、手推车）、试验检测设备（灌砂筒、钻孔取芯机、大小铝盒、烘箱、水准仪、钢尺、3m 直尺等）。

3. 组员分工、任务细化

图 5-2 水泥稳定碎石基层施工现场

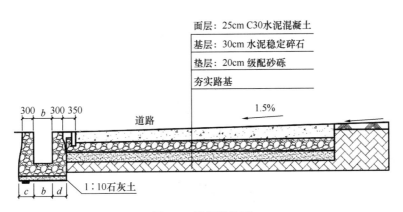

图 5-3 道路结构图

　　每 4～8 人一组，选出组长（轮流制，进行角色扮演），根据工程项目资料及施工图纸进行分析讨论，然后每个组员独立完成相应工作，并进行资料整理。

5.3.3 工艺流程及主要实训操作要点

　　1. 工艺流程（图 5-4）

　　2. 主要实训操作要点

　　(1) 熟读工程施工图，查阅相关资料，根据实训案例条件，制定施工方案，确定施工工艺流程，选择合适的工程机械，写出施工要点。

　　(2) 根据施工方案，制定质量保证措施，并进行技术交底。

　　(3) 按照施工方法，在实训场地上组织施工。根据抽检频

码 5-2 水泥稳定碎石基层施工

率，对已压实部分采用灌砂法进行压实度检验，采用水准仪检测纵断高程和横坡，用钢尺完成坡度、厚度和平整度的检测，按照《公路工程无机结合料稳定材料试验规程》JTG E51—2009 进行无侧限抗压强度试验，完成施工质量控制。

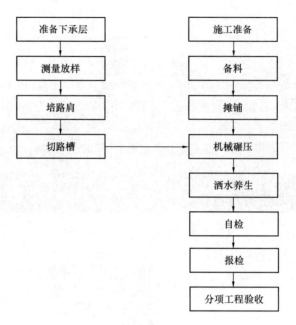

图 5-4　路面基层施工工艺流程图

5.3.4　质量标准

按照表 5-2 对施工完成的基层进行检查验收，并进行质量评定。

质量验收表　　　　　表 5-2

分部(子分部)工程名称			水泥稳定碎石基层工程						
施工单位									
	施工质量验收规范的规定				评定记录				检查方法和频率
检测项目	1	压实度	高速公路、一级公路	基层	≥98%				灌砂法：每 200m 每车道 2 处
			其他等级道路	基层	≥96%				
	2	强度（MPa）		中、轻交通 2～4					每 2000m² 或每个工作台班 1 组试件
	3	纵断高程（mm）		基层	−15 ～+5				水准仪：每 200m 测 2 个断面
	4	平整度（mm）		基层	≤12				每 200m 2 处，每处连续 5 尺（3m 直尺）
	5	宽度（mm）			>0				尺量：每 200m 测 4 处
	6	横坡度（%）			±0.5% 且不反坡				水准仪：每 200m 测 2 个断面
	7	厚度（mm）			≥−20				尺量、钻芯：每 200m 测 2 点

任务 5.4 沥青路面施工实训

沥青路面是指在矿质材料中掺入路用沥青材料铺筑的各种类型的路面。沥青结合料提高粒料抵抗行车和自然因素对路面损害的能力，使路面平整少尘、不透水、经久耐用。因此，沥青路面是道路建设中一种被最广泛采用的高级路面。但是沥青路面作为一种柔性路面，在使用过程中要承受行使车辆荷载的反复作用，以及环境因素的长期影响，易受到损坏。

5.4.1 实训任务及目标

1. 实训任务

（1）根据案例中既定道路的等级、沥青路面的种类和厚度、施工现场实际情况，确定沥青路面施工方法，制定施工工艺流程图。

（2）根据已制定的施工方法和施工工艺流程，选择合适的施工机械。

（3）为保证工程质量，在施工过程中把握施工关键工序——摊铺和压实，在沥青路面施工前进行技术交底。

（4）针对已完成的道路，进行质量检验，对压实度、平整度、弯沉值、厚度、宽度、横坡进行检测，评定沥青路面施工质量。针对不合格的工程，查找原因，进行加固、补强或重修。

2. 实训目标

通过实训使学生能够根据项目所在地的环境、道路等级、道路结构、沥青路面材料、施工水平、经济状况等方面选择合理的施工方法，选择合适的施工机械，并制定施工工艺流程，按照各工序的施工质量控制方法施工。掌握沥青混凝土摊铺和碾压两项关键工序的施工要点，并能够对工程质量进行检验，清楚沥青混凝土面层质量检测项目以及各项目的检测方法，对于存在质量问题的工程，能够进行有效处理。

5.4.2 实训准备

1. 实训作业条件

（1）工程地质勘察报告和施工图纸已具备。

（2）实训案例

某二级公路采用沥青混凝土路面，路面为双向两车道，设计速度 60km/h，路幅组成如下：0.75m 土路肩＋0.75m 硬路肩＋2×3.5m 行车道＋0.75m 硬路肩＋0.75m 土路肩＝10m，路面结构层见图 5-5，沥青混凝土路面见图 5-6。

2. 机具设备

小型施工机具（如摊铺机、压路机、沥青洒布车、洒水车）、试验检测设备（钻孔取芯机、大小铝盒、烘箱、天平、落锤式弯沉仪、水准仪、钢尺、3m 直尺等）。

3. 组员分工、任务细化

每4～8人一组，选出组长（轮流制，进行角色扮演），根据工程项目资料及施工图纸进行分析讨论，然后每个组员独立完成相应工作，并进行资料整理。

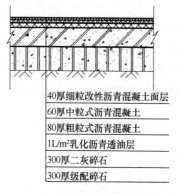

| 40厚细粒改性沥青混凝土面层 |
| 60厚中粒式沥青混凝土 |
| 80厚粗粒式沥青混凝土 |
| 1L/m²乳化沥青透油层 |
| 300厚二灰碎石 |
| 300厚级配碎石 |

图 5-5　路面结构层

图 5-6　沥青混凝土路面

5.4.3　工艺流程及主要实训操作要点

1. 工艺流程

下承层准备→喷洒透层与粘层→施工放样→沥青混凝土拌制→沥青混凝土运输→沥青混凝土摊铺→沥青混凝土碾压→检查与验收

2. 主要实训操作要点

（1）根据实训案例条件，制定施工方案，并编制施工工艺流程，选择合适的工程机械，写出各工序施工质量控制要点。

（2）根据施工方案，制定质量保证措施，并进行技术交底。

（3）按照施工方法，在实训场地上组织施工。根据抽检频率，对已压实的沥青混凝土路面采用钻芯法进行压实度检验，采用水准仪检测横坡，用钢尺完成宽度、厚度的检测，用3m直尺检测平整度，用落锤式弯沉仪检测弯沉值，完成施工质量检测。

码 5-3　沥青路面施工

5.4.4　质量标准

按照表 5-3 对沥青混凝土路面进行检查验收，并进行质量评定。

质量验收表　　　　　　　　　　　　　　　　表 5-3

分部(子分部)工程名称			沥青混凝土路面工程		
施工单位					
	施工质量验收规范的规定			评定记录	检查方法和频率
检测项目	1	压实度	≥96%（实验室标准密度的96%）		钻芯法：每 200m 测 1 次
	2	弯沉值 (0.01mm)	弯沉代表值<设计弯沉值		每一双车道评定路段（不超过 1km）40 个测点

续表

施工质量验收规范的规定			评定记录					检查方法和频率
检测项目	3	平整度（mm）	≤5						每200m测1处，每处连续10尺（3m直尺）
	4	宽度（mm）	>0						尺量：每200m测4断面
	5	横坡度（%）	±0.5%且不反坡						水准仪：每200m测4个断面
	6	厚度（mm）	≥−20						尺量、钻芯：双车道每200m测1点

任务5.5 水泥混凝土路面施工实训

水泥混凝土路面是指以水泥混凝土为主要材料做面层的路面，简称混凝土路面，也称刚性路面，俗称白色路面，它是一种高级路面。水泥混凝土面层应具有足够的强度、耐久性、表面抗滑、耐磨、平整。但是水泥混凝土在凝结硬化的过程中具有热胀冷缩的性质，为了保证混凝土面板的使用品质，使裂缝有规则的产生，应在路面纵横两个方向设置接缝。

5.5.1 实训任务及目标

1. 实训任务

（1）根据案例中既定道路的等级、水泥混凝土路面的种类和厚度、施工现场实际情况，确定水泥混凝土路面施工方法，并制定施工工艺流程图。

（2）根据已制定的施工方法和施工工艺流程，选择合适的施工机械。

（3）为保证工程质量，在施工过程中把握施工关键工序：立模、摊铺、设传力杆和拉杆、振捣、拉毛或刻槽、切缝。在水泥混凝土路面施工前进行技术交底。

（4）针对已完成的道路，进行质量检验，对弯拉强度、平整度、抗滑构造深度、板厚度、路面宽度、横坡进行检测，评定水泥混凝土路面施工质量。针对不合格的工程，查找原因，进行加固、补强或重修。

2. 实训目标

通过实训使学生能够根据项目所在地的环境、道路等级、道路结构、水泥混凝土路面材料、施工水平、经济状况等方面选择合理的施工方法，及合适的施工机械，并制定施工工艺流程，按照各工序的施工质量控制方法施工。理解缩缝、胀缝和施工缝的定义和构造，掌握水泥混凝土立模、摊铺、设传力杆和拉杆、振捣、拉毛或刻槽、切缝等关键工序的施工要点，并能够对工程质量进行检验，清楚水泥混凝土面层质量检测项目以及各项目的检测方法，对于存在质量问题的工程，能够进行有效处理。

5.5.2 实训准备

1. 实训作业条件

（1）工程地质勘察报告和施工图纸已具备。

（2）实训案例

某三级水泥混凝土公路，路面为双向两车道，设计速度 40km/h，路幅组成为：0.75m 土路肩＋2×3.5m 行车道＋0.75m 土路肩＝8.5m，路面结构层见表 5-4。

2. 机具设备

小型施工机具（如振捣棒、刻槽机、切缝机）、试验检测设备（压力机、抗弯拉实验装置、水准仪、钢尺、3m 直尺等）。

3. 组员分工、任务细化

每 4～8 人一组，选出组长（轮流制，进行角色扮演），根据给出的工程项目资料及施工图纸进行分析讨论，然后每个组员独立完成相应工作，并进行资料整理。

路面结构层　　　　　　　　　　　　　　　表 5-4

序号	结构层位	材料	厚度（cm）
1	面层	水泥混凝土	25
2	基层	水泥稳定碎石	20
3	垫层	砂砾石	25

5.5.3 工艺流程及主要实训操作要点

1. 工艺流程

下承层准备→施工放样→模板安装→混凝土拌合→混凝土运输→卸料及布料→整平→拉毛→养生

2. 主要实训操作要点

（1）根据实训案例条件，制定施工方案，并编制施工工艺流程，选择合适的工程机械，写出各工序施工质量控制要点。

（2）根据施工方案，制定质量保证措施，并进行技术交底。

（3）按照施工方法，在实训场地上组织施工。根据抽检频率，对养护后的混凝土路面采用钻芯劈裂法测弯拉强度，采用铺砂法检测抗滑构造深度，采用水准仪检测横坡，用钢尺完成宽度、厚度和纵横缝顺直度的检测，用 3m 直尺检测平整度，完成施工质量检测。

码 5-4　水泥混凝土
路面施工

5.5.4 质量标准

按照表 5-5 对沥青混凝土路面进行检查验收，并进行质量评定。

检查验收表　　　　　　　表 5-5

分部（子分部）工程名称			水泥混凝土路面工程							
施工单位										
施工质量验收规范的规定				评定记录				检查方法和频率		
检测项目	1	弯拉强度	在合格范围内					钻芯劈裂法：日进度小于 500m 时取 2 组		
	2	抗滑构造深度（mm）	0.5～1					铺砂法：每 200m 测 1 处		
	3	平整度（mm）	≤5					每半幅车道每 200m 测 2 处，每处连续 5 尺（3m 直尺）		
	4	宽度（mm）	±20					尺量：每 200m 测 4 点		
	5	横坡度（%）	±0.25%					水准仪：每 200m 测 2 个断面		
	6	板厚度（mm）	≥−10					每 200m 测 2 点		
	7	纵、横缝顺直度（mm）	≤10					纵缝 20m 拉线尺量：每 200m 测 4 处；横缝沿板宽拉线尺量：每 200m 测 4 条		

项目 6　桥梁工程施工实训

任务 6.1　桥梁下部结构钢筋制作与绑扎施工实训

6.1.1　实训目标

本实训以实际应用为主，重在培养学生的实际操作能力。通过本实训，使学生获得钢筋加工与制作的感性认识，掌握一定的施工操作技能及相关技术与质量标准，积累施工经验。将所学的钢筋混凝土结构等有关课程的理论知识转化为实际操作能力。

（1）能根据图纸进行钢筋的配料计算。

（2）能根据钢筋配料单进行钢筋制作。

（3）能按要求将钢筋混凝土构件各编号钢筋画线剪切、弯曲成型。

（4）能根据施工图纸进行钢筋绑扎。

6.1.2　实训知识准备

钢筋加工工序多，包括钢筋调直、切断、除锈、弯制、焊接或绑扎成型等。

1. 准备工作

钢筋应平直、无损伤，表面不得有裂纹、油污、颗粒状或片状老锈，进场时或使用前应全数检查钢筋的质量。当发现钢筋脆断，焊接性能不良或力学性能显著不正常等现象时，应对该批钢筋进行化学成分检查或其他专项检查，其质量必须符合现行国家标准的规定。

（1）钢筋调直

钢筋调直可采用冷拉，但应控制调直冷拉率，除利用冷拉调直外，粗钢筋调直还可以采用锤直或板直。直径为 4~14mm 的钢筋可采用调直机进行调直。

（2）钢筋除锈

在钢筋使用前，应将其表面的油渍、漆污、铁锈等清除干净，常用的除锈方法有如下 3 种。

1）在钢筋冷拉或调直过程中除锈，这种方法对于大量钢筋除锈较为经济；

2）采用电动除锈机除锈，对钢筋局部除锈较为方便；

3）采用手工除锈（用钢丝刷、沙盘）、喷砂和酸洗除锈等。

（3）钢筋切断

钢筋切断时须按照下料长度切断。钢筋剪切可采用钢筋切断机或者手动切断器。后者一般只用于直径小于 12mm 的钢筋；前者可切断直径 40mm 的钢筋；直径大于 40mm 的钢筋常用氧乙炔焰或电弧切割或锯断。钢筋的下料长度应力求准确，其允许偏差为＋10mm。

（4）钢筋下料

钢筋下料是根据构件配筋图，先绘出各种形状和规格的单根钢筋简图，并加以编号，然后分别计算钢筋的下料长度和根数，填写配料单申请，然后再对钢筋进行加工。因此下料长度的计算是配料计算的关键。

由于结构受力上的要求，大多数钢筋需在中间弯曲和两端弯成弯钩。钢筋弯曲时，其外壁伸长，内壁缩短，而中心线长度并不改变，但简图尺寸或设计图中注明的尺寸不包括端头弯钩长度，它是根据构件尺寸、钢筋形状及保护层的厚度等按外包尺寸（钢筋外缘之间的长度）等进行计算的。显然外包尺寸大于中心线长度，它们之间存在一个差值，称为量度差值，即钢筋外包尺寸和轴线长度之间存在的差值。而钢筋下料长度应按钢筋轴线长度计算。钢筋的外包尺寸如图 6-1 所示。

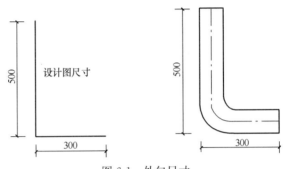

图 6-1　外包尺寸

当弯心直径为 2.5d（d 为钢筋的直径，下同），半圆弯钩的增加长度和各种弯曲角度的量度差值按以下方法进行计算：

① 半圆弯钩（180°弯钩）的增加长度，见图 6-2（a）。

弯钩全长：$3d + \dfrac{3.5d\pi}{2} = 8.5d$

弯钩增加长度（包括量度差值）：$8.5d - 2.25d = 6.25d$

② 90°弯钩量度差值，见图 6-2（b）。

外包尺寸：$2.25d + 2.25d = 4.5d$

中心线弧长：$\dfrac{3.5d\pi}{4} = 2.75d$

量度差值：$4.5d - 2.75d = 1.75d$（取 2d）

③ 45°弯钩量度差值，见图 6-2（c）。

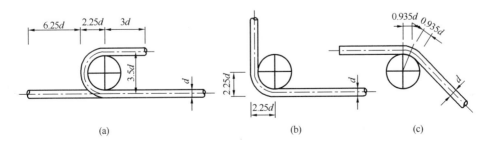

图 6-2　钢筋弯钩及弯曲计算

（a）半圆弯钩；（b）弯曲 90°；（c）弯曲 45°

外包尺寸：$2\left(\dfrac{2.5d}{2}+d\right)\tan 22.5° = 1.87d$

中心线长度：$\dfrac{3.5d\pi}{8} = 1.37d$

量度差值：$1.87d - 1.37d = 0.5d$

其他角度的弯钩可以按照上述方法进行量度差值的计算，在此不再赘述。常用弯钩的量度差值见表 6-1。

常用弯钩量度差值　　　　　　　　　　　　　　　表 6-1

弯钩角度（°）	30	45	60	90	135
量度差值	$0.3d$	$0.5d$	d	$2d$	$3d$

对于箍筋，为了计算方便，一般将箍筋弯钩增长值和量度差值两项合并成一项，称为箍筋调整值，见表 6-2。计算时，将箍筋外包尺寸或内包尺寸加上箍筋调整值，即箍筋下料长度。

箍筋调整值　　　　　　　　　　　　　　　　表 6-2

度量方法	箍筋直径（mm）			
	4~5	6	8	10~12
量测外包尺寸	40	50	60	70
量测内包尺寸	80	100	120	150~170

计算出钢筋弯曲量度差值后，便可以计算下料长度，具体如下：

直钢筋下料长度＝直构件长度－保护层厚度＋末端弯钩增加长度

弯起钢筋下料长度＝直段长度＋斜段长度－弯折量度差值＋末端弯钩增加长度

箍筋下料长度＝直段长度＋弯钩增加长度－弯折量度差值

　　　　　　　＝箍筋周长＋箍筋调整值

对于预应力钢筋，其下料长度应根据锚具类型、张拉设备条件确定，可按下式计算。

$$L = L_0 + N(L_1 + 0.15\text{m}) \tag{6-1}$$

式中，L 为下料长度；L_0 为梁的管道加两端锚具的长度；L_1 为千斤顶支承端到夹具外缘距离；N 为张拉端数量（一端张拉或两端张拉）。

2. 钢筋接长

钢筋接长的方式有焊接和铁丝绑扎搭接两种。采用焊接代替绑扎，可节约钢材、改善结构受力性能、提高功效、降低成本。钢筋焊接常用的方法有：对焊、点焊、电弧焊和电渣压力焊等。

3. 钢筋弯制成型

钢筋应按照设计尺寸和形状用冷弯的方法弯制成型。当弯制的钢筋较少时，可用人工弯筋器在成型台上弯制，当弯制较细钢筋时，应加以适当厚度的钢套，以防弯制时钢筋滑动。弯制大量钢筋时，宜采用电动弯筋机。

弯制各种钢筋的第一根时，应反复修正，使其与设计尺寸和形状相符，并以此样件作标准，用以检查以后弯起的钢筋。钢筋弯曲成型后，表面不得有裂纹、鳞落或断裂等现象。

4. 钢筋的安装

在模板内安装钢筋之前，必须详细检查模板各部分的尺寸，检查模板有无倾斜、裂缝及变形等现象。所有变形尺寸不符合要求之处和各板之间的松动都应该在安装钢筋之前予以处理。焊接成型的钢筋骨架，用一般起重设备吊入模板内即可。

对于绑扎钢筋的安装，应拟定安装顺序。一般的梁肋钢筋，先放箍筋，再安装下排主筋，最后安装上排钢筋。在钢筋安装工作中为了达到设计及构造要求，应注意下列几点：

（1）钢筋的接头应该按照规定的要求错开布置。

（2）钢筋的交叉点，应用钢丝绑扎结实，必要时可用点焊焊牢。

（3）除设计有特殊要求外，梁中箍筋应与主筋垂直，箍筋弯钩的叠合处，在梁中应沿梁长方向置于上面并交错布置，在柱中应沿柱高度方向交错布置。

（4）为了保证混凝土保护层厚度，应在钢筋与混凝土间设水泥浆垫块。

（5）为了固定钢筋间的横向净距，两排钢筋间可用混凝土分隔块隔开或用短钢筋扎结固定。

6.1.3 实训内容

1. 实训任务要求

（1）给定条件

根据施工图纸对钢筋骨架的要求，进行钢筋骨架的绑扎。

1）施工图纸资料、文件、任务指导书等。

2）技术参数和资料。

（2）实训报告编写要求

1）编制的文件内容应满足实用性。

2）技术措施、工艺方法正确合理。

3）语言文字简洁、技术术语引用规范、准确。

4）基本内容及格式符合要求。

2. 实训任务分配

（1）由指导老师给出桥梁结构图，让学生识图并分配实训任务。

（2）根据实训指导任务计算钢筋下料长度，编制钢筋配料单。

以小组为单位，每组5~6人，采取组长负责制，然后让学生按图配筋，绑扎钢筋。

（3）实训任务时间分配（表6-3）

实训任务时间分配   表 6-3

序号	实训内容	时间安排 （d）
1	熟悉图纸，钢筋进场检查	0.5
2	钢筋调直	1
3	钢筋下料	0.5
4	钢筋弯曲制作	1
5	绑扎钢筋骨架	2
6	编写实训总结与报告	0.5

（4）个人完成实训总结并形成实训报告。

3. 实训设备和耗材（表 6-4）

实训设备和耗材表   表 6-4

工作任务	所用工具或设备	台套数	操作要领和注意事项
钢筋调直	钢筋调直机	5	注意钢筋送入调直机时手与机械保持安全距离
钢筋下料	钢筋切断机	5	严格遵守钢筋下料操作规程，保证安全
	钢卷尺	20	测量下料长度时，采用记号笔或粉笔进行标记
钢筋弯曲成型	钢筋弯曲机	5	使用弯曲机时，要对照图纸进行角度弯曲
	手摇板	20	注意钢筋弯曲角度符合图纸要求

4. 具体实训任务

（1）钢筋的配料计算

根据图纸和施工手册进行钢筋配料，并做出料表。

1）工艺流程

熟悉图纸→钢筋翻样（做料表）→下料制作→挂标识牌分类堆放→绑扎钢筋→成品检验

2）操作工艺

① 钢筋配料

根据构件配筋图，绘制各种形状和规格的单根钢筋简图并加以编号，标出各种钢筋的数量。

根据简图，计算各种钢筋下料长度：

直钢筋下料长度＝构件长度－保护层厚度＋弯钩增加长度

钢筋增加长度根据具体条件，采用经验数据。

② 填写配料表

对有搭接接头的钢筋下料长度，按下料长度公式计算后，尚应加长钢筋的搭接长度。

配料计算时，要考虑钢筋的形状和尺寸。对外形复杂的构件，应采用放 1∶1 足尺或放大样的办法。

配料时，还要考虑施工需要的附加钢筋，例如基础双层钢筋网中保证上层钢筋位置用的钢筋撑脚等。

③ 钢筋的品种、规格应按设计要求使用，当需要代换时应征得设计人员的同意，并应符合下列规定：

不同种类钢筋代换，应按钢筋受拉承载力设计值相等原则进行。

当构件受抗裂、裂缝宽度或挠度控制时，钢筋代换应进行抗裂、裂缝宽度或挠度验算。

钢筋代换后，应满足现行《混凝土结构设计规范》GB 50010—2010中规定的钢筋间距、锚固长度、钢筋最小直径、根数等要求。

（2）钢筋制作

1）施工准备

① 材料准备

钢筋的品种、规格需符合设计要求，应具有产品合格证、出厂检验报告和进场抽样复试报告。

当钢筋的品种、规格需作变更时，应办理设计变更文件。

当加工过程中发现钢筋脆断、焊接性能不良或力学性能显著不正常时，应对该批钢筋进行化学成分检验或其他专项检验。

② 机具准备

应配备足够的机具，如钢筋切断机、弯曲机、操作台等。

③ 作业条件

操作场地应干燥、通风，操作人员应有上岗证。

机具设备齐全。

应做好料表、料牌（料牌应标明：钢号、规格尺寸、形状、数量）。

2）钢筋制作

① 钢筋除锈

使用钢筋前均应清除钢筋表面的铁锈、油污和锤打能剥落的浮皮。除锈可通过钢筋冷拉或钢筋调直完成。少量的钢筋除锈，可采用电动除锈机或喷砂方法除锈，钢筋局部除锈可用钢丝刷或砂轮等进行。

② 钢筋调直

对局部曲折、弯曲或成盘的钢筋应加以调直。

钢筋调直：Φ10以内钢筋一般采用卷扬机拉直和调直机调直，Φ10以上应采用弯曲机、平直锤或人工捶击矫正的方法调直。

③ 钢筋切断

钢筋弯曲成型前，应根据配料表要求长度分别截断，通常宜用钢筋切断机。

对机械连接钢筋、电渣焊钢筋、梯子筋横棍、顶模棍钢筋不能使用切断机，应使用切割机械，使钢筋的切口平，与竖向方向垂直。

钢筋切断时，应将同规格钢筋不同长度长短搭配，统筹排料，一般先断长料，后断短料，以减少断头和损耗。

④ 钢筋弯曲成型

钢筋的弯曲成型多采用弯曲机进行，在缺乏设备或少量钢筋加工时，可用手工弯曲成型。

钢筋弯曲时应将各弯曲点位置画出，画线尺寸应根据不同弯曲角度和钢筋直径扣除钢筋弯曲调整值。钢筋端部带半圆弯钩时，该段长度画线时增加 $0.5d$ （d 为钢筋直径）。

（3）钢筋绑扎

1）施工准备

① 材料准备

成型钢筋、20～22 号镀锌铁丝、钢筋马凳（钢筋支架）、保护层垫块（水泥砂浆垫层或成品塑料垫块）。

② 工具准备

钢筋钩子、撬棍、钢筋扳子、钢筋剪子、绑扎架、钢丝刷子、粉笔、墨斗、钢卷尺等。

2）作业条件

熟悉图纸，确定钢筋的穿插就位顺序，并与有关工种配合工作，确定施工方法，做好技术交底工作。

核对实物钢筋的级别、型号、形状、尺寸及数量是否与设计图纸和加工料单、料牌吻合。

钢筋绑扎地点已清理干净，施工缝处理已符合设计、规范要求。

抄平、放线工作已完成。

基础钢筋绑扎如遇到地下水时，必须有降水、排水措施。

已将成品、半成品钢筋按施工图运至绑扎部位。

3）工艺流程

① 基础钢筋

桩基础钢筋笼制作：原材料报验→可焊性试验→焊接参数试验→设备检查→施工准备→台具模具制作→钢筋笼分节加工→声测管制作安装→钢筋笼底节吊放→第二节吊放→校正、焊接→循环施工→最后节定位。

承台基础钢筋制作：基础垫层上弹底板钢筋位置线→按线布放钢筋→绑扎底板钢筋→钢筋固定→绑扎顶板钢筋→设置插筋定位框→插柱预埋钢筋→基础底板钢筋验收。

② 桥墩钢筋

墩身测量放样→在承台顶弹墨线→修整底层伸出的柱预留钢筋（含偏位钢筋）→搭设钢筋绑扎脚手架→竖柱子立筋及接头连接→在柱顶绑定距框→在柱子竖筋上标识箍筋间距→绑扎箍筋→固定保护层垫块

③ 盖梁钢筋

施工准备（安装底模）→钢筋配料→盖梁骨架钢筋焊接拼装→钢筋骨架成型验收→盖梁钢筋安装→安装挡块钢筋→安装垫石钢筋→钢筋安装验收

6.1.4　实训方法与操作

（1）根据实训场地，将学生分成若干小组进行实训。

（2）在实训前由指导老师对实训基本知识做详细讲解。

（3）实训操作步骤

1）钢筋进场检查

步骤 1：对进场钢筋进行外观检查，观察有无外观缺陷，如裂纹、锈蚀等，并进行记录。

步骤 2：对于进场钢筋按批次根据国家现行相关标准规定抽取试件作力学性能和重量偏差检验。

步骤 3：检查钢筋产品合格证、出厂检验报告、进场复检报告。

2）钢筋调直

步骤 1：钢筋调直机进场安装后，开机前，应检查设备电气线路及各部件连接是否正常。

步骤 2：打开调直机，进行试运转。检查轴承、齿轮、切刀等是否正常运行。确认无误后方可进行调直作业。

步骤 3：按调直钢筋的直径，选用适当的调直块及传动速度。调直块直径应比钢筋直径大 2.5mm，曳引轮槽宽与所调直钢筋直径相同。经调试合格，方可送料。对长度短于 2m 或直径大于 9mm 的钢筋，应选用低速。

步骤 4：作业后，应松开调直筒的调直块并回到原位，预压弹簧也应回位。清洁设备，定期加润滑油。

3）钢筋下料

步骤 1：钢筋下料计算。根据结构施工图进行钢筋下料计算。绘制钢筋配料单。

步骤 2：根据钢筋配料单进行下料。使用钢筋切断机进行钢筋切断下料。在切断机使用过程中，严格遵守操作规程，保证人身安全。

4）钢筋弯曲成型

步骤 1：制作钢筋配料单和料牌。

步骤 2：画线。用粉笔将各弯曲中点位置在拟弯钢筋上画出，作为钢筋加工的控制点。

步骤 3：样件试弯。试弯 1 根画线钢筋，检查加工成型的钢筋是否设计要求，如不符合，应重新画线。待试弯样件合格后方可成批弯制。

步骤 4：弯曲成型。钢筋弯曲在工作台上进行，操作时应严格遵守操作规程，保证产品质量和施工安全。

5）钢筋绑扎

在实训构件模板已支好、部分钢筋已加工成型的情况下进行钢筋绑扎。

步骤 1：识读实训任务构件的配筋图，列出配料清单并计算钢筋工程量；

步骤 2：标定钢筋安放位置。

步骤 3：摆筋。

步骤 4：穿箍。

步骤 5：绑扎。

步骤 6：安放钢筋保护层垫块。

步骤 7：成品检查。完成模型后，核对钢筋安放的位置、规格等。

在绑扎钢筋时应注意以下几点：

① 对照结构图纸检查钢筋的钢号、直径、根数、间距、位置是否正确，在此过程中，将每一根梁每块板都检查到位，主要注意钢筋的绑扎位置，避免出现识图不熟练造成的钢筋绑扎错误。

② 检查钢筋的接头位置是否符合要求。搭接长度都要符合规范要求，不能过短，如太长会造成工程损失。

③ 检查钢筋垫块绑扎是否符合要求。以此保证保护层厚度。

④ 检查钢筋的绑扎是否牢固，用手拽动观察是否松动。

⑤ 在钢筋的表面不能有油渍，否则无法和混凝土更好地咬合、粘贴。

⑥ 钢筋安装的偏差应满足质量验收标准要求。

（4）实训考评

1）钢筋工程量计算占30%，实践操作占70%。

2）实训评分标准参考（表6-5）。

实训评分标准 表6-5

序号	评分项目	评分标准	标准（100分）	检测点					得分
				1	2	3	4	5	
1	钢筋加工制作与配料单	是否符合图纸要求	30						
2	箍筋间距	±20mm	10						
	受力筋间距	±10mm	10						
3	箍筋与主筋垂直程度	酌情扣分	5						
4	钢筋绑扎	绑扎方法是否正确酌情扣分	10						
		绑扎点质量酌情扣分	10						
5	工艺操作规范程度	视操作工序是否合理、操作熟练及规范程度酌情扣分	10						
6	安全操作	无安全事故	5						
7	工效	完成定额90%以下者无分，90%～100%酌情扣分，超过定额适当加1～3分	5						
8	文明施工	完工清场	5						

6.1.5 实训操作安全注意事项

（1）钢材、半成品必须按规格码放整齐。不得在脚手架上集中码放钢筋，应随使用随运送。

（2）电动机械的电闸箱必须按照规定安装漏电保护器，应灵敏有效。

（3）作业人员长发不得外露，应戴安全帽。

（4）施工完毕后，应用工具将铁筋头清除，严禁用手擦抹或用嘴吹。切好的钢材、半成品必须按规格码放整齐。

（5）抬运钢筋人员应协调配合，互相呼应。

（6）切断长料时，应设专人扶稳钢筋，操作时动作应一致。钢筋短头应采用钢管套夹具夹住。钢筋短于 30cm 时，应使用套夹具，严禁手扶。

（7）手工切断钢筋时，夹具必须牢固。掌握切具的人与打锤人必须站成斜角，严禁面对面操作。抡锤作业区域内不得有其他人员。打锤人不得戴手套。

（8）展开盘条钢筋时，应卡牢端头。切断前应压稳，防止回弹伤人。

（9）人工弯曲钢筋时，应放平扳手，用力不得过猛。

（10）绑扎钢筋的绑丝头，应弯回至骨架内侧。

（11）绑扎基础钢筋时，铺设走道板，作业人员应在走道板上行走，不得直接踩踏钢筋。夜间施工应使用低压照明灯具。

（12）暂停绑扎时，应检查所绑扎的钢筋或骨架，确认连接牢固后方可离开现场。

（13）绑扎立柱和墙体钢筋时，不得站在钢筋骨架上或攀登骨架上下。

（14）绑扎基础钢筋，应设钢筋支架或马凳，夜间施工应使用的低压照明灯具。

（15）钢筋骨架安装，下方严禁站人，必须待骨架降落至楼、地面 1m 以内方准靠近，就位支撑好，方可摘钩。

（16）绑扎和安装钢筋时，不得将工具、箍筋或短钢筋随意放在脚手架或模板上。

6.1.6 质量标准

（1）钢筋加工的形状、尺寸应符合设计要求，其允许偏差应符合表 6-6 的规定。

检验数量：同一类型钢筋、同一加工设备抽查不应少于 3 件。

检验方法：钢尺检查。

钢筋加工的允许偏差　　　　　　　　　　　表 6-6

序号	项目	允许偏差（mm）
1	受力钢筋顺长度方向全长的净尺寸	±10
2	弯起钢筋的弯折位置	±20
3	箍筋内净尺寸	±5

（2）钢筋安装位置的允许偏差和检验方法应符合表 6-7 的规定。

检验数量：对梁、柱和独立基础，应抽查构件数量的 10%，且不少于 3 件；对墙和板，应按有代表性的自然间抽查 10%，且不少于 3 间；对大空间结构，墙可按相邻轴线间高度 5m 左右划分检查面，板可按纵、横轴线划分检查面，抽查 10%，且均不少于 3 面。

钢筋安装位置的允许偏差和检验方法   表 6-7

项 目			允许偏差（mm）	检验方法
绑扎钢筋网	长、宽		±10	钢尺检查
	网眼尺寸		±20	钢尺量连续三档，取最大值
绑扎钢筋骨架	长		±10	钢尺检查
	宽、高		±5	钢尺检查
受力钢筋	间距		±10	钢尺量两端、中间各一点，取最大值
	排距		±5	
	保护层厚度	基础	±10	钢尺检查
		柱、梁	±5	钢尺检查
		板、墙、壳	±3	钢尺检查
绑扎箍筋、横向钢筋间距			±20	钢尺量连续三档，取最大值
钢筋弯起点位置			20	钢尺检查

注：表中梁类、板类构件上部纵向受力钢筋保护层厚度的合格点率应达到90％及以上，且不得有超过表中数值1.5倍的尺寸偏差。

任务6.2 墩身及盖梁模板施工实训

6.2.1 实训目标

本实训以实际应用为主，重在培养学生的实际操作能力。目的是让学生通过模拟现场施工操作，获得一定的施工技术的实践知识和操作体验。通过本实训，使学生获得一定的生产技能和施工方面的实际知识，提高学生的动手能力，巩固、加深、扩大所学的专业理论知识，为毕业实习、工作打下必要的基础。

6.2.2 实训知识准备

1. 墩身模板施工

（1）墩身模板安装要求

1）技术要点

安装墩身模板前，首先必须将承台与墩身接茬处进行凿毛处理，并将承台上的泥浆等杂物清理干净，做好测量放线工作。为防止墩身模板根部出现漏浆"烂根"现象，墩身模板安装前，在承台上采用同标号砂浆找平，以使模板与承台密贴。模板底口的砂浆带宽0.5m，环向布置。

2）模板施工流程（图6-3）

（2）测量放样

1）测量人员在承台顶面放出墩身的中线、边线，并标出墩身底面准确位置。

2）墩身模板安装之前，应将承台顶面浮浆凿除，冲洗干净，整修连接钢筋。

2. 盖梁模板施工

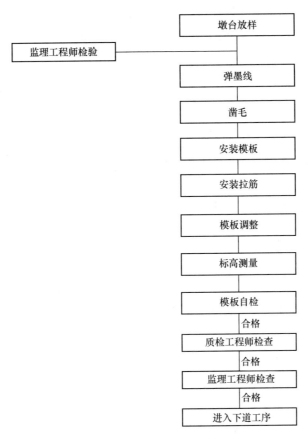

图 6-3　模板施工流程图

（1）盖梁施工工艺流程

普通盖梁施工工艺流程为：水平测量放样→搭设支架→底模铺设→轴线和边线放样→绑扎钢筋→侧模安装→标高复核→混凝土浇筑→拆模→外观和尺寸检查→拆除支架→养护。

预应力盖梁施工工艺流程为：水平测量放样→搭设支架→底模铺设→轴线和边线放样→绑扎钢筋、布设波纹管、锚具和埋件安装→标高复核→侧模安装→混凝土浇筑→拆模→混凝土养护→第一次预应力张拉和孔道压浆→拆除支架和底模→第二次预应力张拉和孔道压浆→封锚。

（2）盖梁的施工要点

测墩柱顶标高，再根据高程将墩柱顶混凝土凿毛，清洗干净，为盖梁底模板的就位及浇筑前模板的验收作好前期工作。

3. 模板组拼

（1）模板组拼采用吊车安装，吊点布置要合理，为防止碰撞引起变形，吊装快到位时，下落速度要慢。吊装时要设专人指挥。按模板编号逐块起吊拼接。

（2）墩身上下节模板，采用 $\phi22$ 螺栓连接。安装时模板的接缝不得漏浆，且每两块模板拼装的每一个螺栓孔，都必须上螺栓紧固。模板泄水孔上有拉杆预留洞时，应安装 PVC 管内串模板拉杆，拉杆紧固时两端应分别用双螺栓进行紧固，混凝土板上的预留洞应在拆模后即将洞口盖好。

（3）对于错台要采用辅助工具调整到位后，用螺栓拧紧，不可锤击或用其他强硬手段调整。

4. 模板安装质量要求

模板安装必须符合《混凝土结构工程施工质量验收规范》GB 50204—2015 及相关规范要求，即模板及其支架应具有足够的承载能力、刚度和稳定性，能可靠地承受浇筑混凝土的重量、侧压力以及施工荷载。

（1）在涂刷模板隔离剂时，不得沾污钢筋和混凝土接槎处。

（2）模板安装应满足下列要求：

模板的接缝不应漏浆；在浇筑混凝土前，混凝土接茬处应凿毛并浇水湿润，但模板内不应有积水；模板与混凝土的接触面应清理干净并涂刷隔离剂；浇筑混凝土前，模板内的杂物应清理干净。

（3）固定在模板上的预埋件、预留孔洞均不得遗漏，且应安装牢固，其偏差应符合规定。

（4）现浇结构模板安装的偏差应符合相关规范及标准的规定。

（5）模板垂直度控制

① 严格控制模板垂直度，在模板安装就位前，必须对每一块模板线进行复测，无误后，方可安装模板。

② 工长及质检员逐一检查模板垂直度，确保垂直度不超过 3mm，平整度不超过 5mm。

（6）模板标高控制

模板支立完成后，应由测量员复测后方可进行混凝土施工。

（7）模板的变形控制

① 模板支设前，利用混凝土垫块或塑料垫块来控制保护层厚度。

② 浇筑混凝土时，分层浇筑，分层厚度控制在 30～50cm，严防振捣不实或过振，使模板变形。

③ 模板支立后，拉水平、竖向通线，保证混凝土浇筑时易观察模板变形、跑位。

④ 浇筑前认真检查螺栓、拉杆是否松动。

⑤ 模板支立完毕后，禁止模板与脚手架拉结。

（8）模板的拼缝、接头处理

模板拼缝、接头不密实时，用塑料密封条堵塞；钢模板发生变形时应及时修整。

（9）为提高模板周转、安装效率，事先按工程轴线位置、尺寸将模板编号，以便定位使用。拆除后的模板按编号整理、堆放。安装操作人员应采取定段、定编号负责制。

（10）模板安装质量验收。

5. 其他注意事项

在模板工程施工过程中，严格控制模板工程施工质量。对于质量通病制定预防措施，防患于未然，以保证模板工程的施工质量。严格执行交底制度，操作前必须有单项的施工方案和书面形式的技术交底。

6. 模板拆除

混凝土浇筑完毕后，模板拆除时，混凝土的抗压强度应符合设计要求，本墩台为非承重模板，墩身强度达到 2.5MPa 后，才能拆模。

（1）模板拆除先行松解对拉螺栓，由上而下进行。

（2）模板拆除的顺序与安装模板顺序相反，先支的模板后拆，后支的先拆。

（3）模板拆除后用吊车吊至存放地点时，模板保持平放，然后用打磨机进行清理。支模前刷隔离剂。模板有损坏的地方及时进行修理，以保证模板质量。

（4）拆除模板时，操作人员应站在视线好的位置，方便指挥。

（5）模板拆除质量验收。

7. 模板存放

（1）模板贮存时，其上要有遮蔽，其下垫有垫木。垫木间距要适当，避免模板变形或损伤。

（2）装卸模板时轻装轻卸，严禁抛掷，并防止碰撞，损坏模板。周转模板分类清理、堆放。

（3）拆下的模板，如发现翘曲、变形，应及时进行修理。破损的板面及时进行修补。

6.2.3 实训内容

1. 实训任务要求

（1）给定条件

1）墩身、盖梁模板施工图纸。

2）模板技术参数和资料。

（2）实训报告编写要求

1）编制的文件内容应满足实用性。

2）技术措施、工艺方法正确合理。

3）语言文字简洁、技术术语引用规范、准确。

4）基本内容及格式符合要求。

2. 实训任务分配

（1）熟悉一根现浇柱模板（3m 高）和一榀现浇盖梁模板的设计图纸(图 6-4、图 6-5)；

图 6-4 立柱模板　　　　图 6-5 盖梁模板

（2）根据实训指导操作规程完成模板的拼装和拆卸，以小组为单位（8～10人为1组）在半天的时间内完成。

（3）以小组为单位完成模板拼装和拆除质量验收记录表。

（4）完成个人实训总结并形成实训报告。

3. 实训工具或设备（表6-8）

模板安装实训工具或设备 表6-8

序号	所用工具或设备	台套数	操作要领和注意事项
1	柱小钢模	6	分类放置，组合使用
2	盖梁模板	6	分类放置，组合使用
3	小型龙门吊	2	操作中严格遵守规范要求，保证安全（由专业师傅操作）
4	铁榔头	20	操作中严格遵守规范要求，保证安全
5	手套、安全帽	50	根据实际学生人数进行分组发放，避免浪费

4. 工艺流程

熟悉图纸→开料单→模板制作→涂刷隔离剂→柱模安装→梁模安装→板模安装→模板拆除→模板整理

5. 工艺要求

（1）桥墩墩柱模板按设计高度采用定制的圆形钢模，分两个半圆形拼装；盖梁模板采用定制的整体钢模，分底模、侧模利用对拉螺栓进行拼装。

（2）模板进场后，应先进行试拼，检查拼缝的严密性及模板尺寸，并用抛光机打磨表面锈迹。模板应表面光洁平顺、拼缝严密、无锈斑变形、尺寸偏差在规范允许范围内，保证结构物外露面美观，线条流畅。

（3）模板采用安装螺栓连接，并适当增设销钉，以减小连接偏差。模板拼装缝均以双面胶封缝，确保拼缝处不漏浆。立柱模板底部使用砂浆和双面胶处理缝底。

（4）模板及其支架应具有足够的承载能力、刚度和稳定性。

（5）模板安装和浇筑混凝土时，应对模板及支架进行观察和维护，不得发生坍塌事故。

（6）在涂刷模板隔离剂时，不得沾污钢筋和混凝土接槎处。

（7）模板的接缝不应漏浆；在浇筑混凝土前，木模板应浇水湿透。

（8）浇筑混凝土前，模板内的杂物应清理干净，特别是柱内的混凝土碎块要处理干净。

（9）跨度大于4m的现浇钢筋混凝土梁板，其模板应按设计要求起拱；当设计无具体要求时起拱度1/1000～3/1000。

（10）固定在模板上的预埋件、预留孔和预留洞均不得遗漏，且应安装牢固。

（11）模板安装的允许偏差：轴线位移5mm；底模上表面标高±5mm；柱、梁截面尺寸+4mm，-5mm。

（12）模板安装的允许偏差：层高（小于5m）的柱垂直度6mm，相邻两板的表面高低差2mm，表面平整度5mm。

（13）底模及支架拆除时，同条件养护的试块强度达到施工规范的规定时方可进行拆除。

（14）侧模拆除时的混凝土强度应能保证其表面及棱角不受损伤。

（15）立模完毕后，检查模板垂直度和支架稳定性，测定墩柱顶、盖梁的底面和顶面标高。

对于立模高度较低的墩柱（一般为 10m 以下），使用垂球检查模板的垂直度和位置，具体方法为：在模板顶部设置十字撑悬挂垂球，然后调整十字撑的位置使垂球正对墩柱中心点，然后尺量模板至垂线的距离。

对于模板高度比较高的墩柱、盖梁，使用全站仪检查模板的垂直度和位置。

（16）模板拆除时应分散堆放并及时清运。

6.2.4　实训方法与操作

（1）根据实训场地大小，将学生分成若干小组进行实训。

（2）在实训前由指导老师对本次实训基本知识做详细的讲解。

（3）实训操作

1）实训动员，安全技术交底、模板图纸认知教学。

2）施工准备工作。

步骤 1：按照施工图吊运已配制好的模板至工作面。

步骤 2：按图对模板编号。

3）模板安装工作。

步骤 1：测量弹线标出墩身中心位置和盖梁模板中线及边线。

步骤 2：对模板抛光、打磨、除锈，涂隔离剂，模板拼装缝粘贴双面胶。

步骤 3：按编号对模板进行吊装组拼并检查拼缝的严密性及模板尺寸。

步骤 4：固定、加固模板并测量模板垂直度和标高。

步骤 5：控制横向构件模板标高。

步骤 6：控制模板的变形。

步骤 7：模板拼接。完成梁、柱、板模型。注意错缝连接、扣件间距等要符合规范要求。

步骤 8：模板工程验收。

步骤 9：拆模、存模、清理。

4）考核、讲评、总结。

（4）实训考评

1）理论知识掌握和出勤占 30%，实训操作占 70%。

2）实训评分标准参考（表 6-9）。

实训评分标准　　　　　　　　　　　　　　　　　　表 6-9

序号	评分项目	评分标准	标准（100 分）	检测点					得分
				1	2	3	4	5	
1	模板支撑、立柱位置	是否符合图纸要求	30						

序号	评分项目		评分标准	标准 (100分)	检测点					得分
					1	2	3	4	5	
2	轴线位置(mm)		5	10						
3	底模上表面标高(mm)		±5	10						
4	截面内部尺寸 (mm)	柱	+4 −5	5						
		梁	+4 −5	5						
5	模板拆除、堆放和清运		根据现场模板整理情况酌情扣分	5						
6	工艺操作规范程度		视操作工序是否合理、操作熟练及规范程度酌情扣分	10						
7	安全操作		无安全事故	10						
8	工效		完成定额90%以下者无分,90%～100%酌情扣分,超过定额适当加1～3分	10						
9	文明施工		完工清场	5						

6.2.5 实训操作安全注意事项

1. 吊运模板时,必须符合下列规定:

(1)作业前应检查绳索、卡具、模板上的吊环完整有效,在升降过程中应设专人指挥,统一信号,密切配合。

(2)吊运大块或整体模板时,竖向吊运不应少于2个吊点,水平吊运不应少于4个吊点。吊运必须使用卡环连接,应稳起稳落,待模板就位连接牢固后,方可摘除卡环。

(3)吊运散装模板时,必须码放整齐,待捆绑牢固后方可起吊。

(4)严禁起重机在架空输电线路下方工作。

2. 模板拆除必须符合下列规定:

(1)模板拆除应按拟定的拆除程序进行,并将拆卸的模板材料按指定地点堆放整齐。

(2)在高空拆模时,要留有足够的安全通道,明确划定安全操作区,施工人员不得站在拆模施工的下方。

(3)组合钢模板拆卸的配件要及时整理、堆放、回收。已活动的连接扣件必须拆卸完毕方可停歇,如中途停止拆卸,必须把活动的配件重新拧紧。

(4)拆除模板时,不要用力过猛或硬撬,不得直接用铁锤敲打或用撬杠撬模板。

(5)对暂不使用的钢模板,板面应刷防锈油(钢模板隔离剂),背面补涂防锈漆，并按规格分类堆放，底面应垫高，妥善遮盖。

6.2.6　质量标准

模板安装的允许偏差应符合表 6-10 的规定。

模板安装偏差允许表　　　　　　表 6-10

序号	项目		允许偏差（mm）	检验方法
1	轴线位置		5	钢尺检查
2	底模上表面标高		±5	水准仪或拉线，钢尺检查
3	截面内部尺寸	基础	±10	钢尺检查
		柱、墙、梁	±5	
4	层高垂直度(不大于 5m)		6	经纬仪或吊线，钢尺检查
5	相邻两板表面高低差		2	钢尺检查
6	表面平整度		5	2m 靠尺和塞尺检查

任务 6.3　预制箱梁后张法预应力施工实训

6.3.1　实训目标

本实训以实际应用为主，重在培养学生的实际操作能力。目的是让学生通过模拟现场施工操作，获得一定的施工技术的实践知识和操作体验。通过本实训，获得一定的生产技能和施工方面的实际知识，提高学生的动手能力，巩固、加深、扩大所学的专业理论知识。

（1）熟悉预应力结构的工作原理及其施工方法。

（2）掌握预应力钢筋、锚具、张拉机械的种类、特点及配套使用。

（3）熟悉后张法施工工艺。

（4）熟悉张拉应力控制的要求及钢筋张拉程序。

6.3.2　实训知识准备

后张法施加预应力

（1）预应力筋穿束

预应力筋可在浇筑混凝土之前或之后穿入管道，对于钢绞线，可将一孔钢束中的全部钢绞线编束后整体穿入管道内。对于在浇筑混凝土前穿束的管道，力筋安装完成后，应检查波纹管是否损坏，如果在穿束时波纹管有刮伤、损坏，应用胶带将破损部分包裹，以防浇筑混凝土时漏浆。在浇筑混凝土过程中，应有专人来回抽动钢绞线，以防管道漏浆、凝固硬化后造成后期张拉、压浆困难。

（2）预应力筋的保护

对于在混凝土浇筑和养护之前安装在管道内的预应力钢筋，在表 6-11 中规定的条件和时限内还没有压浆时，应采取防止锈蚀或防腐的措施，直至压浆。预应

123

力筋安装在孔道中后，管道端部应密封以防止湿气进入。采用蒸汽养护时，在养护完成之前不应安装预应力筋。

未采取防腐措施的力筋不压浆的容许时间 表 6-11

环境条件	容许时间(d)
空气湿度大于70％或者盐分过大	7
空气湿度40％～70％	15
空气湿度小于40％	20

（3）预应力筋张拉

预应力筋张拉时，混凝土强度必须符合设计要求，当设计无规定时，不得低于设计混凝土强度等级值的75％。对于曲线预应力筋或长度不小于25m的直线预应力筋，应在构件两端同时张拉。如设备不足，可先在一端张拉完毕后，再在另一端补足预应力值。无论在一端或两端同时张拉，均应避免张拉时构件截面处于过大的偏心受压，因此应对称于构件截面进行张拉，或先张拉靠近截面重心处的预应力筋，后张拉距截面重心较远的预应力筋。

预应力筋的张拉应符合设计规定，当设计无规定时，应按表6-12进行。预应力筋断丝及滑移不得超过表6-13的规定。

后张法预应力筋张拉程序 表 6-12

预应力钢筋种类		张拉程序
钢绞线束	对夹片式等具有自锚性能的锚具	普通松弛力筋：$0 \to$ 初应力 $\to 1.03\sigma_{con}$（锚固） 低松弛力筋：$0 \to$ 初应力 $\to \sigma_{con}$（持荷 2min 锚固）
	其他锚具	$0 \to$ 初应力 $\to 1.05\sigma_{con}$（持荷 2min）$\to \sigma_{con}$（锚固）
钢丝束	对夹片式等具有自锚性能的锚具	普通松弛力筋：$0 \to$ 初应力 $\to 1.03\sigma_{con}$（锚固） 低松弛力筋：$0 \to$ 初应力 $\to \sigma_{con}$（持荷 2min 锚固）
	其他锚具	$0 \to$ 初应力 $\to 1.05\sigma_{con}$（持荷 2min）$\to 0 \to \sigma_{con}$（锚固）
静轧螺纹钢筋	直线配筋	$0 \to$ 初应力 $\to \sigma_{con}$（持荷 2min 锚固）
	曲线配筋	$0 \to \sigma_{con}$（持荷 2min）$\to 0$（上述程序可反复几次）$\to$ 初应力 $\to \sigma_{con}$（持荷 2min 锚固）

注：1. σ_{con} 为张拉时的控制应力值，包括预应力损失值；

2. 梁的竖向预应力筋可一次张拉到控制应力，持荷5min锚固。

后张预应力筋断丝、滑移限制 表 6-13

预应力筋种类	检查项目	控制值
钢丝束和钢绞线束	每束钢丝断丝或滑丝	1根
	每束钢绞线断丝或滑丝	1丝
	每个断面断丝之和不超过该断面钢丝总数的百分比	1％
螺纹钢筋	断筋或滑移	不容许

注：1. 钢绞线断丝是指单根钢绞线内钢丝的断丝；

2. 超过表中数据时，原则上应更换，当不能更换时，在许可条件下，可采取补救措施，如提高其他束预应力值，但须满足设计上各阶段极限状态的要求。

预应力筋在张拉控制应力达到稳定后方可锚固，对夹片式锚具，锚固后夹片顶面应齐平，其相互间的错位不宜大于 2mm，且露出锚具外的高度不应大于 4mm，锚固完毕并经检验确认合格后方可切割端头多余预应力筋，切割应采用砂轮锯，严禁采用电弧焊，不得损伤锚具，预应力筋锚固后的外露长度不宜小于 30mm，且不应小于 1.5 倍预应力筋直径。

（4）预应力筋理论伸长值（ΔL）计算

$$\Delta L = \frac{P_P L}{A_P E_P} \tag{6-2}$$

式中　ΔL——预应力筋理论伸长值（mm）；

　　　P_P——预应力筋的平均张拉力（N），直线筋取张拉端的拉力；两端张拉的曲线筋，计算方法见式（6-3）；

　　　A_P——预应力筋的截面面积（mm^2）；

　　　E_P——预应力筋的弹性模量（N/mm^2）；

　　　L——预应力筋的长度（mm）。

关于 P_P 的计算

$$P_P = \frac{P\left[1 - e^{-(kx+\mu\theta)}\right]}{kx + \mu\theta} \tag{6-3}$$

式中　　P——预应力筋张拉端的张拉力（N）；

　　　x——从张拉端至计算截面的孔道长度（m）；

　　　θ——从张拉端至计算截面曲线孔道部分切线的夹角之和（rad）；

　　　k——孔道每米局部偏差对摩擦的影响系数；见表 6-14；

　　　μ——预应力筋与孔道壁的摩擦系数；见表 6-14。

当预应力筋为直线时 $P_P = P$。

系数 k 及 μ 值表　　　　　　　　　　表 6-14

管道成型方式	k	μ 值	
		钢丝束、钢绞线	螺纹钢筋
预埋铁皮管道	0.0030	0.35	0.40
预埋钢管	0.0010	0.25	—
抽芯成型孔道	0.0015	0.55	0.60
预埋金属波纹管	0.0015	0.20～0.25	0.50
预埋塑料波纹管	0.0015	0.14～0.17	0.45

（5）孔道压浆

预应力张拉完毕后立即进行孔道压浆。压浆之前先用清水冲洗孔道使之湿润，同时检查灌浆孔、排气孔是否畅通。孔道压浆一般采用水泥浆，水泥浆的强度应符合设计要求，当设计无规定时不得低于 30MPa。压浆应先压下孔道，后压上孔道，并将集中一处的孔道一次压完，以免孔道串浆，并将附近孔道堵塞。如集中孔道无法一次压完，应先将相邻未压浆的孔道用压力水冲洗，使以后压浆时孔道通畅。曲线孔道由侧向压浆时，应由最低点的压浆孔压入水泥浆，并由最高点的排气孔排除空气和溢出水泥浆。

压浆过程中及压浆后 48h 内，结构混凝土的温度不得低于 5℃，否则应采取保温措施。当白天气温高于 35℃时，压浆应在夜间进行。压浆后应从检查孔抽查压浆密实情况，如有不实应及时处理和纠正。

埋设在结构内的锚具，压浆后应及时浇筑封锚混凝土。封锚混凝土的强度等级应符合设计要求，不宜低于结构混凝土强度等级的 80%，且不得低于 30MPa。孔道内的水泥浆强度达到设计规定后方可吊移预制构件，设计未规定时，不应低于水泥浆设计强度的 75%。

6.3.3　实训内容

1. 实训任务要求

(1) 给定条件

1) 实验梁及有关材料、设备。

2) 预应力钢绞线技术参数和资料。

(2) 实训报告编写要求

1) 编制的文件内容应满足实用性。

2) 技术措施、工艺方法正确合理。

3) 语言文字简洁、技术术语引用规范、准确。

4) 基本内容及格式符合要求。

2. 实训任务分配

(1) 根据提供的实验梁及有关材料、设备，进行预应力钢筋、锚具及张拉机械的选择。

(2) 后张法施工钢筋张拉力的计算及预应力施加方法的确定。

(3) 完成混凝土预应力梁的张拉设计和施工。

(4) 根据实训指导操作规程完成预应力梁的张拉。

(5) 以小组为单位完成预应力张拉记录表。

(6) 个人完成实训总结并形成实训报告。

3. 实训设备和工具

(1) 留有预留孔道的预应力梁。

(2) 预应力钢筋和锚具：钢绞线和 XM 锚具。

(3) 预应力张拉千斤顶 YC-20 和液压油泵 ZYBZ15-63。

(4) 钢尺。

(5) 其他辅助设备。

4. 工艺流程

预应力筋穿束→安装锚具及张拉设备→预应力筋张拉→锚具封锚→预应力筋切割→孔道压浆

5. 工艺要求

(1) 预应力筋穿束

穿束前应检查锚垫板和孔道，锚垫板的位置应准确；孔道内应畅通，无水和其他杂物。宜将一孔道中的全部预应力筋编束后整体穿入孔道中，整体穿束时，束的前端宜设置穿束网套或特制的牵引头。

（2）安装锚具及张拉设备

安装锚具及张拉设备时，对直线预应力筋，应使张拉力的作用线与孔道中心线在张拉过程中相互重合；对曲线预应力筋，应使张拉力的作用线与孔道末端中心点的切线重合。

（3）预应力筋张拉

张拉机具应与设计要求的各预应力束张拉应力相匹配。千斤顶与压力表应配套校验、配套使用。预应力筋采用应力控制方法张拉时，应以伸长值进行校核。实际伸长值与理论伸长值的差值应符合设计规定。智能张拉时先将张拉仪主机布置在梁的两端，并确保张拉仪上的接收器能与控制站保持直线可视状态。在安装完工作锚和限位板后，采用倒链起吊、安装专用千斤顶。安装工具锚及夹片后，连接张拉仪和千斤顶的数据线。启动智能张拉系统，通过该系统来控制千斤顶的双向同步对称张拉全过程。

（4）封锚、灌浆、压浆

灌浆前先用快凝水泥或石膏对锚具进行封锚，待快凝水泥或石膏达到强度后即可进行压浆。

（5）预应力筋切割

预应力筋切割时应采用砂轮锯，严禁采用电弧进行切割，同时不得损伤锚具。预应力筋切割后的外露长度，按规范要求不应小于 30mm，锚具采用封端混凝土保护。若预应力筋需长期外露时，应采取刷水泥浆等防锈蚀的措施。

（6）孔道压浆

预应力筋张拉锚固后，孔道应尽早压浆，且应在 48h 内完成。压浆过程中及压浆后 48h 内，结构或构件混凝土的温度及环境温度不得低于 5℃，否则应采取保温措施，并应按冬期施工的要求处理，浆液中可适量掺用引气剂，但不得掺用防冻剂。当环境温度高于 35℃时，压浆宜在夜间进行。在拌制水泥浆的同时，量测浆液的初始流动度、浆液温度及环境温度。压浆的充盈度应达到孔道另一端饱满且排气孔排出与规定流动度相同的水泥浆为止，关闭出浆口。关闭阀门后，宜保持一个不小于 0.5MPa 的稳压期，该稳压期的保持时间宜为 3～5min。

6.3.4 实训方法与操作

1. 根据实训场地大小，将学生分成若干小组进行实训。
2. 在实训前由指导老师对本次实训基本知识做详细的讲解。
3. 实训操作
（1）实训准备工作。
步骤 1：检查千斤顶和油压表是否均已检验、配套标定和校正，并在使用期内；锚具夹具是否按规定检验并合格。
步骤 2：预应力筋采用低松弛钢绞线，具备出厂技术合格证，并经过复试合格。

127

步骤3：预应力筋按要求穿入 T 梁孔道内。

步骤4：清除预应力波纹管内的杂物。

步骤5：布设测量梁段上拱的观测点。

步骤6：计算预应力筋的理论伸长值，并经复核无误。

（2）安装工作锚。

步骤1：将钢绞线平行地逐根穿入，注意钢绞线不得交叉和穿乱。

步骤2：先安装中心或内圈锚孔的楔片，然后安装外圈锚的楔片，然后安装外圈锚环孔楔片，最后用套管适当用力将楔片敲入锚环。

（3）安装限位板，限位板凹槽要与锚环对中，不得错开。

（4）安装千斤顶，与孔道中线对位，注意不要接错大、小油缸油管。

（5）按照安装工作锚的方法安装工具锚，为使工具锚卸脱方便，在工锚环与楔片之间缠垫塑料布并涂少量黄油等润滑剂。

（6）初张拉。

仔细检查千斤顶、油路等安装正确无误后，开动油泵进入初张拉，注意要有人扶正千斤顶使工作锚环进入锚垫板的限位槽内，待油表读数达初张拉应力时测量大缸行程和锚具楔片外露量。

（7）终张拉。

进一步检查千斤顶和油路，然后两端千斤顶同时加载，每次互相通报油压表读数，使两端读数在张拉过程中随时保持一致，直到两端达到张拉应力，这时测量大缸行程和楔片外露量，检查伸长值及其与理论值之差是否符合规范要求。

（8）持荷。

达到控制应力后，持荷 5min。在持荷状态下，如发现油压下降应立即补至张拉应力。对于较长的钢束，其伸长值远大于两千斤顶大缸额定张拉行程，所以必须进行倒顶张拉。

（9）回程、退楔。

两端顶锚完成后，大缸分别回程到底，然后用小锤轻轻敲打工具锚环，取下楔片。最后依次取下锚环，拆除千斤顶、限位板。

（10）割断多余钢绞线，以砂轮锯切割为宜，钢绞线外露锚环达 3cm 即可。

4. 实训考评

（1）钢绞线理论伸长量计算占 30%，实践操作与填写张拉记录表占 70%。

（2）张拉记录见表 6-15。

张拉记录表 表 6-15

构件名称			张拉混凝土强度				
千斤顶编号	标定日期	标定资料编号	油压表编号	初应力读数（MPa）	超张拉油表读数（MPa）	安装时油表读数（MPa）	顶塞油表读数（MPa）	备注

续表

钢束编号	张拉断面编号	千斤顶编号	记录项目	张拉									
				初读数（MPa）	2倍初应力时读数	第一行程	第二行程	超张拉（%）	回油时回缩量（mm）	安装应力（MPa）	总延长长度（mm）	滑、断丝情况	处理情况
			油表读数										
			尺读数										
			油表读数										
			尺读数										
			油表读数										
			尺读数										
			油表读数										
			尺读数										
			油表读数										
			尺读数										
			油表读数										
			尺读数										
			油表读数										
			尺读数										

张拉部位图

6.3.5　实训操作安全注意事项

1. 预应力钢束（钢丝束、钢绞线）张拉施工前，应做好下列工作：

（1）张拉作业区，应设警告标志，无关人员严禁入内。

（2）检查张拉设备工具（如千斤顶、油泵、压力表、油管、顶楔器及液控顶压阀等）是否符合施工安全的要求；压力表应按规定周期进行检定。

（3）锚环和锚塞使用前应认真仔细检查及试验，经检验合格后，方可使用。

（4）张拉施工高压油泵与千斤顶之间的连接点各接口必须完好无损，螺母应拧紧。油泵操纵员要戴防护眼镜。

（5）油泵开动时，进、回油速度与压力表指针升降保持一致，并做到平稳、均匀。安全阀应保持灵敏可靠。

（6）张拉前，操作员要确定联络信号。张拉两端应设便捷的通信设备。

2. 张拉操纵中，若出现异常现象（如油表振动剧烈，发生漏油，电机声音异常，发生断丝、滑丝等），应立即停机检查。

3. 后张法张拉时，应检查混凝土强度，必须达到设计要求强度后，方可进行张拉。

4. 在箱梁上进行张拉作业，应事先搭好张拉作业平台，并保证张拉作业平台、拉伸机支架搭设牢固，平台四周应加设护栏。高处作业时，应设上下扶梯及安全网。施工的吊篮应安挂牢固，必要时可另备安全保险设施。张拉时，千斤顶的对面及后面严禁站人，作业人员应站在千斤顶的两侧，以防锚具及销子弹出伤人。

5. 钢束张拉应严格按规定程序进行。在事先穿好钢丝束，并经检查确认合格后，方可张拉。张拉作业中，应集中精力，看准仪表，记录要正确无误。

6. 张拉钢束完毕，退销时，应采取安全防护措施，防止销子弹出伤人。卸销子时，不得强击。

7. 张拉时和张拉完毕后，对张拉施锚两侧均应妥善保护，不得压重物。张拉完毕，尚未灌浆前，梁端应设围护和挡板。严禁撞击锚具、钢束及钢筋。不得在梁端四周作业或休息。

6.3.6　质量标准

钢筋后张法允许偏差应符合表 6-16 的规定。

钢筋后张法允许偏差　　　　　　　　　　　　　　　表 6-16

项目		允许偏差(mm)	检验频率	检验方法
管道坐标	梁长方向	30	抽查 30%，每根查 10 个点	用钢尺量
	梁高方向	10		
管道间距	同排	10	抽查 30%，每根查 5 个点	用钢尺量
	上下排	10		
张拉应力值		符合设计要求	全数	查张拉记录
张拉伸长率		±6%		
断丝滑丝数	钢束	每束一丝，且每断面不超过钢丝总数的 1%		
	钢筋	不允许		

任务 6.4　现浇箱梁满堂脚手架搭设施工实训

6.4.1　实训目标

本实训以实际应用为主，重在培养学生的实际操作能力。目的是让学生通过模拟现场施工操作，获得一定的施工技术的实践知识和操作体验，掌握脚手架施工中不同部位与工种的需求，进行架子工技能的训练。

6.4.2　实训知识准备

落地式脚手架搭设必须严格按照《建筑施工手册》（第五版）和《建筑施工扣件式钢管脚手架安全技术规范》JGJ 130—2011 施工。

1. 脚手架的构造尺寸：落地式双排脚手架立杆横向间距为 1.2m，纵向间距为 1.5m，大小横杆的步距为 1.5m。内立杆距离结构外沿不大于 300mm。纵向扫地杆采用直角扣件固定在距底座下皮 200mm 处的立柱上，横向扫地杆则用直角扣件固定在紧靠纵向扫地杆下方的立柱上。

码 6-1 连续梁满堂支架

2. 搭设顺序：垫板→竖立杆并搭设扫地杆→搭设水平纵横杆→设置剪刀撑→斜杆→铺脚手板→栏杆剪刀撑→挂安全网。

3. 垫板采用木垫板，应准确地放在定位线上，立杆底部应设通长的垫板。双排架宜先立内排立杆，后立外排立杆。双排架内、外排两立杆的连线要与墙面垂直。立杆接长时，宜先立外排，后立内排。

4. 搭设立杆的要求

（1）底部立杆必须采用不同长度的钢管交错设置，至少应有两种适合的不同长度的钢管作立杆，立杆连接采用对接扣件连接，立杆与横杆采用直角扣件连接。立杆接头交错布置，两个相邻立杆接头避免出现在同步同跨内，且在高度方向错开的距离不小于 500mm，对接接头中心距纵向水平杆轴心线的距离应不小于步距的 1/3。

（2）立杆接头除顶层可用搭接连接外，其余接头必须采用对接扣件连接，搭接连接的长度不少于 1m，不少于 3 个转向扣件固定。

（3）周边脚手架应从一个角度开始向两边延伸交圈搭设，"一"字形脚手架应从一端开始并向另一端延伸搭设，且同时与墙体连接牢固。

5. 搭设纵向水平杆的要求

（1）纵向水平杆应水平设置，钢管长度不宜小于 3 跨。

（2）接头宜采用对接扣件连接，内外两根相邻纵向水平杆的接头不应在同步同跨内，上下两个相邻接头应错开一跨，其错开的水平距离不应小于 500mm，各接头中心距立杆轴心距离应小于 1/3 跨。当采用搭接连接时，其搭接长度不应小于 1m，不少于 2 个旋转扣件固定，其固定距离不应小于 800mm，扣件中心至杆端的距离不小于 150mm。

（3）纵向水平杆与立杆相交处必须用直角扣件与立杆连接固定。

（4）脚手架应采用闭合形式，脚手架的同一步纵向水平杆必须四周交圈。

6. 搭设横向水平杆的要求

（1）横向水平杆应用直角扣件架设在纵向水平杆的上方。凡立杆与纵向水平杆交叉处均必须设置一根横向水平杆，严禁任意拆除，该杆轴线偏离主节点的距离不大于 150mm，横杆间距应与立杆间距相同，且根据作业层脚手板搭设的需要，可在两立杆之间在等间距设置增设 1～2 根横杆，其最大间距不大于 750mm。

（2）脚手架横向水平杆外端伸出纵向水平杆外不应小于 10cm，靠墙一端距墙装饰面距离不应大于 100mm。

7. 搭设剪刀撑的要求

（1）脚手架应在整个长度和高度方向上设置剪刀撑，沿脚手架两端和转角处起布置。剪刀撑和连墙件应及时设置，不得滞后脚手架搭设 2 步以上。

131

（2）每副剪刀撑跨越立杆应不少于 4 根，且不超过 7 根，与纵向水平杆呈 45°～60°夹角。

（3）剪刀撑应设置在脚手架外立杆外侧，一根斜杆用旋转扣件固定在立杆上，另一根斜杆扣在小横杆伸出的端头上，两端分别用旋转扣件固定，在其中间增加 2～4 个扣节点。所有旋转扣件中心线至主节点距离不大于 150mm，最下部的斜杆与立杆的连接点距地面的高度控制在 300mm 内。杆件接头用搭接连接，搭接长度不小于 1m，不少于 3 个旋转扣件固定，固定距离为 300mm。

8. 搭设扫地杆的要求

（1）纵向扫地杆应用直角扣件固定在距底座上皮不大于 200mm 处的立杆上。

（2）横向扫地杆也采用直角扣件固定在紧靠纵向扫地杆下方的立杆上。

（3）当立杆基础不在同一高度上时，必须将高处的纵向扫地杆向低处延伸两跨与立杆固定。高低差不大于 1m。

（4）靠边坡上方的立杆轴线到边坡的距离不应小于 500mm。

9. 脚手板

采用厚 50mm、宽 200～300mm、长度不少于 4m 的松木板作为脚手板，脚手板设置在 3 根横向水平杆上。脚手板应平铺、满铺、铺稳，接缝处设两根小横杆，各杆距脚手板接缝的距离均不大于 150mm。拐角处两个方向的脚手板应重叠放置，避免出现探头及空挡现象。

10. 脚手架搭设的质量要求

（1）立杆垂直度偏差：纵向偏差不大于 $H/200$，且不大于 100mm，横向偏差不大于 $H/400$，且不大于 50mm（H 为脚手架搭设高度）。

（2）纵向水平杆偏差不大于总长度的 1/300，且不大于 20mm，横向水平杆水平偏差不大于 10mm。

（3）脚手架的步距、立杆横距偏差不大于 20mm，立杆纵距偏差不大于 50mm。

（4）扣件紧固力宜在 45～65N·m 范围内。

（5）脚手架外迎面立杆内侧满挂绿色密目安全网，每步设防护栏杆。

11. 脚手架的拆除工作

（1）必须对所有参加拆除脚手架的相关人员进行安全技术交底。

（2）安全监督人员对拆除脚手架进行安全检查，确认脚手架不存在安全隐患时方可拆除，如存在安全隐患，应先对脚手架进行加固，以保证脚手架拆除过程中的安全，工长与专职安全员进行现场监督，处理脚手架拆除过程中有关事宜。

（3）拆除架子时要设置拆除隔离区，设专人看护，严禁非专业作业人员进入。

（4）拆架程序应遵守由上而下，先搭的后拆、后搭的先拆的原则，即先拆拉杆、脚手板、剪刀撑、斜撑，而后拆小横杆、大横杆、立杆等（一般的拆除顺序为：安全网→栏杆→脚手板→剪刀撑→小横杆→大横杆→立杆）。不准分立面拆除架或在上下两步同时进行拆架。做到一步架一清、一杆一清。拆立杆时，要先抱住立杆再拆开最后两个扣，拆除大横杆、斜撑、剪刀撑时，应先拆中间扣件，然后托住中间，再解端头扣。

（5）一般不允许分段分层面拆除，如果施工需要必须分立面拆除时，应在暂时拆除的两端加设连墙杆和水平支撑，拆除下来的钢管扣件及时传送到地面，严禁高空抛物，确保施工安全。

6.4.3 实训内容

1. 实训任务要求

（1）给定条件

1）实验梁及有关材料、设备。

2）钢管支架的技术参数和实训图纸资料。

（2）实训报告编写要求

1）编制的文件内容应满足实用性。

2）技术措施、工艺方法正确合理。

3）语言文字简洁、技术术语引用规范、准确。

4）基本内容及格式符合要求。

2. 实训任务分配

（1）根据箱梁平面图纸、备料清单进行架子下料计算。

（2）核对现场材料并一次性领料。

（3）按图纸及配料要求搭设脚手架，完成后进行质量自检。

（4）按规范要求拆除与整理脚手架。

（5）个人完成实训总结并形成实训报告。

3. 实训工具和材料

脚手架钢管质量必须符合国标《碳素结构钢》GB/T 700—2006 中 Q235-A 级钢的规定（表 6-17、表 6-18）。

现场备料清单表（按照实际搭设面积而定）　　　　表 6-17

序号	材料名称	规格	按人需用量	总量	备注
1	钢管6m	φ48.3	根	根	
2	钢管2.7m	φ48.3	根	根	
3	钢管3.3m	φ48.3	根	根	
4	钢管3.5m	φ48.3	根	根	
5	钢管2.5m	φ48.3	根	根	
6	钢管1.2m	φ48.3	根	根	
7	钢管0.6m	φ48.3	根	根	
8	直角扣件		个	个	
9	对接扣件		个	个	
10	旋转扣件		个	个	
11	木垫板	5mm厚	m	m	

工具清单表　　　　　　　　　　　　　　表 6-18

序号	名称		单位	数量
1	劳保类	安全帽	顶	1/人
2		安全带	条	1/人
3		标准工作服	套	1/人
4		防滑鞋	双	1/人
5	工具类	5m 卷尺	把	2
6		大角尺	把	1
7		线锤	个	1
8		扳手	把	1/人
9		力矩扳手	把	1
10		墨斗	把	1
11		水平尺	个	1

4. 实训时间安排（表 6-19）

实训时间安排　　　　　　　　　　　　　表 6-19

项目	实习内容		时间（d）	实训地点
现浇箱梁满堂支架实训	1	材料等准备工作	0.5	全真模拟实训基地
	2	搭设立杆、横杆及脚手板	3	
	3	拆除作业	0.5	
	4	检评总结	1	
	5	利用业余时间编写实训报告		

5. 工艺流程

垫板→竖立杆并搭设扫地杆→搭设水平纵横杆→设置剪刀撑→斜杆→铺脚手板→栏杆剪刀撑→挂安全网

6. 工艺要求

（1）纵向水平杆的构造要求

1）纵向水平杆设置在立杆内侧，其长度不宜小于 3 跨。

2）纵向水平杆接长采用对接扣件连接。对接应符合下列规定：纵向水平杆的对接扣件应交错布置：两根相邻纵向水平杆的接头不宜设置在同步或同跨内；不同步或不同跨两个相邻接头在水平方向错开的距离不应小于 500mm；各接头中心至最近主节点的距离不宜大于纵距 1/3。

（2）横向水平杆的构造要求

1）主节点处必须设置一根横向水平杆，用直角扣件扣接在立杆上。主节点处两个直角扣件的中心距不应大于 150mm。

2）双排脚手架的横向水平杆两端均应用直角扣件固定在纵向水平杆上。

（3）立杆

1）每根立杆底部应设置垫板。

2）脚手架必须设置纵、横向扫地杆。纵向扫地杆应采用直角扣件固定在距底端上方不大于 200mm 处的立杆上。横向扫地杆也可采用直角扣件固定在紧靠纵向扫地杆下方的立杆上。

3）立杆接长除顶层步中采用搭接外，其余各层各步接头必须采用对接扣件连接。对接、搭接应符合下列规定：

① 立杆上的对接扣件交错布置：两根相邻立杆的接头不应设置在同步内，同步内隔一根立杆的两个相隔接头在高度方向错开的距离不宜小于 500mm；各接头中心至主节点的距离不宜大于步距的 1/3。

② 搭接长度不应小于 1m，应采用不小于 2 个旋转扣件固定，端部扣件盖板的边缘至杆端距离不应小于 100mm。

（4）抛撑

脚手架搭设必须设置抛撑。抛撑应采用通长杆件与脚手架可靠连接，与地面的倾角应在 45°～60°之间。

（5）剪刀撑

1）双排脚手架应设剪刀撑。

2）剪刀撑的设置应符合下列规定：

① 剪刀撑宽度按 6 根立杆设置，与每个立杆连接，倾角控制在 45°～60°之间。

② 剪刀撑斜杆的接长采用搭接，搭接应符合规范的规定。

③ 剪刀撑固定在横向水平杆的伸出端或立杆上，距主节点不宜大于 150mm。

（6）横向斜撑

1）开口型双排脚手架的两端必须设置横向斜撑。

2）由底至顶呈之字形连续设置，用旋转扣件固定在与之相交的横向水平杆的伸出端上，旋转扣件中心线至主节点的距离不宜大于 150mm。

3）拐角脚手架设一道斜杠，用旋转扣件固定在立竿上。

（7）安全要求

1）脚手架搭设人员必须经过专业安全技术培训，考试合格，持特种作业操作证上岗作业。

2）搭设脚手架人员必须戴安全帽、系安全带、穿防滑鞋。

3）脚手架的构配件质量必须满足规范质量要求。

4）在脚手架搭设期间，严禁拆除抛撑。

6.4.4　实训方法与操作

1.根据实训场地大小，将学生分成若干小组进行实训。

2.在实训前由指导老师对本次实训基本知识做详细的讲解。

3.实训操作。

（1）实训准备工作

步骤 1：领取劳保用品。

步骤 2：穿实训服，戴安全帽，穿防滑鞋。

步骤 3：进行实训安全技术交底。

步骤 4：计算下料工程量。

（2）安放垫板

步骤 1：根据箱梁满堂支架平面图，弹出支架立杆交叉点位。

步骤 2：在每个交叉点安放垫板。

（3）竖立杆并搭设扫地杆

（4）搭设水平纵横杆

（5）设置剪刀撑

（6）搭设斜杆

（7）铺脚手板

（8）栏杆剪刀撑

（9）挂安全网

（10）自检考核评定

（11）设置警戒线并拆除支架

4．实训考评。

（1）支架下料计算占 30％，实践操作占 70％。

（2）考核评分（表 6-20）。

考核评分表 表 6-20

班级：_____ 姓名：_____

序号	检查项目		允许偏差（mm）	评分标准	满分	实测（mm）					实得分	备注
						1	2	3	4	5		
1	立杆垂直度		±20	每大于 1 处扣 2 分	10							
2	间距	步距	±20	每大于 1 处扣 1 分	5							
		纵距	±50	每大于 1 处扣 1 分	5							
		横距	±20	每大于 1 处扣 1 分	5							
3	纵向水平杆高差	一根杆两端	±20	每大于 1 处扣 1 分	5							
		同跨内两根纵向水平杆高差	±10	每大于 1 处扣 1 分	5							
4	脚手架横向水平杆外伸长度 100mm		−20	每大于 1 处扣 1 分	5							
5	扣件安装	主节点扣件中心线相互距离	≤150mm	每大于 1 处扣 1 分	5							
		同步立杆上两个相隔对接扣件的高低差	≥500mm	每大于 1 处扣 1 分	5							
		立杆上的对接扣件至主节点的距离	≤$h/3$	每大于 1 处扣 1 分	5							

续表

序号	检查项目		允许偏差 (mm)	评分标准	满分	实测 (mm)					实得分	备注
						1	2	3	4	5		
5	扣件安装	纵向水平杆上的对接扣件至主节点的距离	$\leqslant l_a/3$	每大于 1 处扣 1 分	5							
		扣件螺栓拧紧扭力矩	40～65N·m	每大于 1 处扣 2 分	10							
6	剪刀撑	与地面的倾角	45°～60°	每处扣 2 分	5							
		与各杆件连接	$\leqslant150mm$	每处扣 1 分	5							
7	连墙件及抛撑		$\leqslant300mm$	未设置抛撑扣 3 分，连墙件每大于 1 处扣 1 分	5							
8	工效			到时完成得 5 分，每提前 2 分钟，得 1 分，满分为 5 分，差一步架子未完成扣 10 分，差两步架子未完成扣 50 分	5							
9	安全文明施工			工完料整理不清扣 3 分，劳动防护用品佩戴不符合要求扣 3～5 分，安全施工不符合要求扣 3～5 分	10							
10	得分				100							

注：h—步距；l_a—纵距。

6.4.5　实训操作安全注意事项

1. 脚手架的安全操作

（1）脚手架搭设及拆除前层层落实安全技术交底，严格按交底施工，严禁随意改动。

（2）脚手架搭拆人员必须具备专业工种操作上岗证。严禁无证人员操作。

（3）工人在架上进行搭设作业时，作业面上必须满铺脚手板，并予以临时固定。

（4）不得单人装设较重杆配件和进行其他易造成失衡、脱手、碰撞、滑跌等的不安全作业。

（5）在搭设中不得随意改变构架设计、减少杆配件设置。确有实际情况，需要对构架作调整和改变时，必须提交技术部协调解决。

（6）禁止在脚手架板上加垫器物或单块脚手板以增加操作高度。

（7）作业人员必须戴好安全帽，系好安全带，穿防滑鞋，不得带病、酒后作业，并遵守有关施工现场管理安全要求。

（8）脚手架搭设期间，每日上班前，架子工班长必须详细布置施工任务并及时检查现场安全状况，检查施工现场是否存在安全隐患，发现隐患及时整改。

（9）钢管、扣件及安全网的材质满足国家有关安全技术规范要求。

（10）脚手架外立杆满挂绿色密目安全网，密目网绷拉平直，封闭严密，操作层或操作层下步架满兜水平安全网。

（11）操作层上不得集中堆放材料。

（12）严禁攀爬上架，不得任意拆除脚手架的构件及连墙件，确因拉结点影响施工时，必须通知安全部和技术部协商解决。

（13）六级及六级以上大风和雨、雾天必须停止在外架上作业，设专人对外架进行定期维修及检查。

（14）严禁在脚手架基础及邻近处进行挖掘作业，在脚手架上进行电焊作业必须有防火措施及专人看火。

（15）脚手架避雷、接地措施必须按《施工现场临时用电安全技术规范》JGJ 46—2005 中的有关规定执行。

（16）专职架子工必须在每天班前仔细检查脚手架安全状况，一旦发现安全隐患要及时上报。

（17）外脚手架搭设完毕，经进行验收合格后方可使用。

（18）脚手架使用中应避免交叉作业，交叉作业要有有效的防护措施。

2. 拆除的安全要求

（1）拆脚手架杆件，必须由 2～3 人协同操作，拆纵向水平杆时，应由站在中间的人向下传递，严禁向下抛掷。禁止单人进行拆除较重杆件等危险性的作业。

（2）拆除作业区的周围及进出口处，必须派专人瞭望，严禁非作业人员进入危险区域，拆除大片架子应加临时围栏。

（3）拆除过程中，应指派 1 名责任心强、技术水平高的工人担任指挥和监护，并负责拆除撤料和监护操作人员的作业。

（4）未尽事宜应严格执行现行建筑安全操作规程。

6.4.6 质量标准

严格按照设计尺寸搭设，立杆和水平杆的接头均应错开，在不同的框格层中设置；确保立杆的垂直偏差和横杆的水平偏差小于规范的要求；确保每个扣件和钢管的质量满足要求，每个扣件的拧紧力矩都要控制在 45～60N·m，禁止使用已经发生变形的钢管。

任务 6.5 悬臂浇筑挂篮施工实训

6.5.1 实训目标

本实训以实际应用为主，重在培养学生的实际操作能力。目的是让学生通过模拟现场施工操作，掌握菱形挂篮施工技术，对施工工艺有一个感性的认识，积累施工经验。

6.5.2　实训知识准备

1.1 号块施工

（1）施工支架

桥墩顶部的梁体块件称为 0 号块，因其混凝土体积较大，往往采用支架现场浇筑，支架形式可根据现场情况确定。对于桥墩不高的桥位，可以采用满堂支架形式，即对 0 号块平面投影范围内处理完地基基础后，采用碗口支架形成 0 号块施工平台。也可以采用钢管做墩、上铺型钢的墩梁支架或其他方式的墩梁支架施工 0 号块。对于墩位较高，采用满堂支架、墩梁支架需要材料较多或支架稳定性不能保证，可采用在墩顶或墩身设置预埋件，利用预埋件和型钢形成三角形墩旁托架，作为 0 号块混凝土施工平台。采用墩顶或墩身设置预埋件形成三角形托架时，预埋件和托架弦杆可以焊接，也可以通过钢销铰接，无论采用哪种连接方式，应注意各片三角形桁架的横向连接，同时注意预埋件和弦杆连接处的抗剪验算。

为了消除支架或托架在灌注梁段混凝土时产生的变形，常用千斤顶法、水箱法等方式对支架或托架进行预压。

（2）临时固结

在悬臂施工中应根据设计要求对 0 号块进行临时固结，其目的是将桥墩和 0 号块在悬臂浇筑施工时连接为一体，让临时固结承受施工中可能产生的不平衡弯矩或扭矩，确保结构施工安全。目前临时固结的方式主要有以下三种：

1）当桥位不高、水不深，而易于搭设临时支架时的支架式固结措施。这种固结形式，在施工中的不平衡力矩完全靠梁段的自重来保持稳定，见图 6-6（a）。

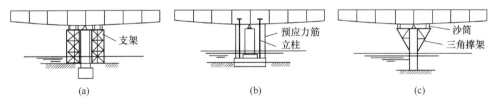

图 6-6　临时固结措施

2）利用临时立柱和预应力筋锚固上下部结构的构造。预应力筋的下端锚固在基础承台内，上端在箱梁底板上张拉并锚固，借以使立柱在施工过程中始终受压，以维持稳定，见图 6-6（b）。

3）在桥高水深的情况下，可采用围建在墩身上部的三角形撑架来敷设梁段的临时支撑，并可使用沙筒作为悬臂施工完毕后体系转换的卸架设备，见图 6-6（c）。

0 号块临时固结是保证悬臂对称浇筑施工安全的重要措施，尤其对于墩旁支架形式的临时固结，应特别注意检算其稳定性，如果处理不当，将引起整个悬臂浇筑段的倾覆。

2. 挂篮安装及预压

挂篮是悬臂浇筑混凝土施工的主要设备，悬挂在已经张拉锚固与墩身固定连接的节段上。在挂篮上可以进行下一节段模板、钢筋、管道的安设，混凝土浇筑和预应力筋张拉，孔道灌浆等作业。

码 6-2　连续梁菱形挂篮施工

（1）挂篮的类型

挂篮按挂篮主桁结构可分为桁架式挂篮、三角形挂篮、斜拉滑动式挂篮和菱形挂篮；挂篮按抗倾覆平衡方式可分为压重式、锚固式、半锚固半压重式；挂篮按走行方式可分为滚动式、滑动式和组合式。

在我国桥梁现场施工中，菱形挂篮应用最为广泛，挂篮的抗倾覆多采用锚固式，对于走行方式上述三种形式均有应用。菱形挂篮的主要结构组成见图6-7，主要包括主桁、横梁、底模架、悬吊系统、走行系统和模板系统。

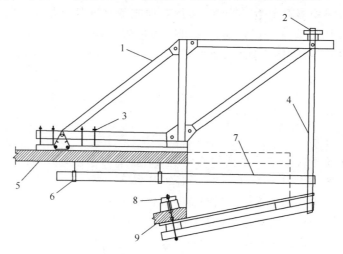

图 6-7　菱形挂篮结构示意

1—主桁；2—前横梁平台；3—后锚；4—前吊带；5—箱梁顶板；
6—外模滑移梁后吊点；7—外模滑移梁；8—底模锚固系统；9—箱梁底板

（2）挂篮安装

在地面上组拼好挂篮的主桁片后将单片主桁运至桥墩下准备吊装，挂篮吊装在0号块纵向预应力钢绞线和竖向预应力粗钢筋张拉完毕后进行，具体步骤如下：

1）将0号块挂篮轨道位置清理干净，凿出接茬面后测量放样定出轨道所在位置，铺设钢轨，并用连接器、精轧螺纹钢、锚具将轨道固定在已张拉的竖向预应力粗钢筋上，在已安装完毕的轨道上标出主桁前支座所在位置。

2）吊装主桁片。将前支座对准轨道安装标记，并临时支撑牢固，用同样的方法安装另一片主桁，调整两片主桁的间距、位置后，安装自锚车轮组和中横联、后横联。

3）安装前横梁、后挑梁及悬吊装置。

4）利用0号块托架的平台安装挂篮底模、外模，并将其与悬挂装置连接，同时安装工作平台、底模后锚固系统（即底模后锚）（图 6-8）。

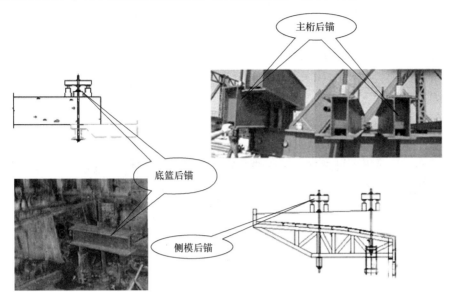

图 6-8　挂篮悬挂系统

5）调整底模高程。

6）安装 1 号块底模、腹板钢筋及预应力孔道。

7）检查 1 号块底模、腹板钢筋后，安装 1 号块内模，将内模后锚于 0 号块顶板，前段悬吊于主桁前横梁，校准、加固，完成挂篮的安装。

同一 T 构的两个挂篮应一起安装。采用挂篮安装后进行试压，在试压结束后应重新调整挂篮底模高程，检查各锚固点的锚固情况，在检查合格后再安装钢筋。

（3）挂篮预压

挂篮组拼后应作载重试验，以测定挂篮前端各部件的变形量，同时消除其永久变形，符合设计要求后方可投入使用。预压荷载取值建议取用 1.2 倍最大梁段重量，挂篮的总变形量（即吊带、桁架、后锚等引起的变形）不得超过 20mm。挂篮的预压通常采用以下两种方式：

1）在地面上只对主桁片进行加载，见图 6-9。这种预压方式因在地面上进行，操作简单，但只能反映主桁片的受力性能，而不能反映吊带、模板、支撑条件等挂篮总的变形及受力情况。试验时可在主桁上放置液压千斤顶，利用液压千斤顶对主桁施加外荷载。

2）挂篮主桁、横向联结系、支撑、反吊系统、模板系统在 0 号块全部组拼完成，形成完整挂篮体系后，在模板上施加荷载，见图 6-10。

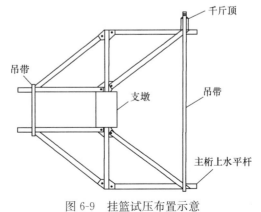

图 6-9　挂篮试压布置示意

这种预压方式加载比较困难，但可反映主桁、模板等整个挂篮的变形及受力情况。加载的方式可以在挂篮模板上施加重物；也可以在墩底设置锚固点，在锚固点和挂篮模板之间设置高强度精轧螺纹钢筋或预应力钢绞线束，利用张拉千斤顶施加荷载。后一种预压方式不需要重物，加载吨位大，加载更为方便。

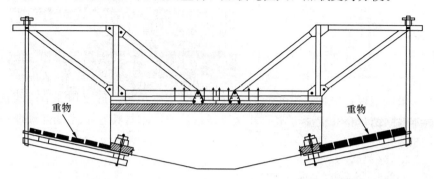

图 6-10　主桁片拼装完成后在 0 号块上试压示意

（4）挂篮前移

当张拉完本段纵向预应力钢筋后，需要前移挂篮进行下一段施工。挂篮前移包括铺设轨道、松开底模、松开侧模、松开内模、前移等工作。

1）铺设轨道

在新浇筑节段混凝土强度达到设计强度的50%后，安装并锚固轨道。在此之前需清理轨道所在位置梁体顶面的杂物、放样、锚固轨道，然后安装纵向移动捯链，捯链前端挂在轨道上，后端挂在挂篮前支座拉环上。在铺设轨道时，应使轨道顶顺直，其顶面应控制在同一高程上，以防移动挂篮时爬坡或者溜坡。

2）松开模板

张拉完纵向预应力钢筋后，先松开侧模顶紧丝杆和内、外模间拉杆，再松开内、外模滑移梁吊杆，然后拆除底模后锚，放松底模前吊杆，使底模、侧模离开梁体 10cm 左右，利用内模架上的丝杆拉紧内、侧模，使内模离开梁体。

3）挂篮前移

解除挂篮后锚，使自锚车轮卡在走形轨道上，拉动前移倒链，通过车轮的滚动及前支座下的四氟板滑动，达到挂篮前移的目的。挂篮前移时，底模后部挂在后挑梁上，前端挂在主桁前横梁上，外侧模、内侧模前端通过滑移梁挂在主桁前横梁上，后端直接挂在滑移梁上。在挂篮前移过程中，为防止挂篮由于惯性作用发生倾覆，防止自锚车轮失灵，在后挑梁上安装钢丝绳，后端固定在已张拉的竖向预应力钢筋锚具上。

3. 合龙段施工

合龙段施工是将相邻的悬臂浇筑 T 构和边跨现浇段或两相邻的悬臂 T 构连接在一起。合龙过程使结构从静定向超静定转化，结构受力体系将发生变化。

（1）合龙顺序

在合龙时是先合龙边跨还是先合龙中跨，对结构产生的二次内力将有影响。在设计时已经根据合龙顺序进行了结构计算，确定了合龙顺序，因此在施工过程中必须按设计规定的顺序进行合龙。

（2）合龙临时固结

在浇筑合龙段混凝土之前，应将相邻的边跨现浇段和 T 构悬臂端或者两相邻 T 构悬臂端通过劲性骨架、临时预应力束联系在一起，形成刚性连接。在外界温度变化时，由刚性连接承受拉力或者压力，尽量减少合龙段混凝土在外界温度变化时的内力。

临时固结按设置方式可分为体内固结和体外固结。体内固结指在相应预应力孔道设置钢管，钢管通过法兰或焊接连接在相邻节段混凝土上，在其内部穿入临时钢束并张拉钢束，由钢管承受压力、预应力束承受拉力，形成相邻节段的临时固结。体外固结是指在混凝土截面外设置型钢，将型钢焊接在节段端部预埋钢板上，在部分孔道中穿入预应力束并张拉预应力束，利用型钢承受压力，钢束承受拉力，型钢在混凝土截面以外，合龙段混凝土达到强度、张拉完或张拉部分合龙段钢束后，拆除截面外型钢。这种方式的型钢可反复使用。

（3）墩顶临时固结拆除

在第一次合龙段施工完成后，结构由原来的悬臂 T 构变成超静定结构，其他合龙段的施工一般在已合龙跨墩顶临时固结拆除后进行。拆除墩顶临时固结后，T 构墩顶由固结转换为铰接，由永久支座承受墩顶压力。在拆除墩顶临时固结时，应在墩顶四周对称进行，对于墩顶设置混凝土支墩的临时固结，拆除时比较困难，因此在进行墩顶混凝土支墩设计施工时，可考虑将支墩分成若干段，穿过混凝土支墩的钢筋表面包裹塑料布，设置硫磺水泥砂浆等，便于支墩混凝土拆除。

（4）合龙施工注意事项

在合龙段施工过程中，由于昼夜温差影响，现浇混凝土的早期收缩、水化热影响，已完成梁段混凝土的收缩、徐变影响，结构体系的转换及施工荷载等因素影响，需采取必要措施，以保证合龙段乃至全桥的质量。

1）合龙段长度的选择。在满足施工要求的前提下，合龙段长度应尽量缩短，一般以 2.0m 为宜。

2）合龙温度的选择。合龙温度应与设计考虑的温度一致，一般应在低温合龙，遇夏季应在清晨合龙，并用草袋等覆盖，加强合龙段混凝土养护，使混凝土早期硬化过程中处于升温受压状态。

3）合龙段混凝土选择。合龙段的混凝土强度等级宜提高一级，混凝土中宜加入减水剂、早强剂，以便及早达到设计要求强度，及时张拉预应力筋，防止合龙段混凝土出现裂缝。

4）合龙段采用临时锁定装置，将劲性型钢安装在合龙段上下部，将两侧悬臂结构临时固定连接，然后张拉部分预应力筋，浇筑合龙段混凝土，待合龙段混凝土达到设计强度后，张拉其余预应力筋，防止合龙段混凝土出现裂缝。

5）对于多跨连续梁，为保证合龙段施工质量始终处于稳定状态，在浇筑混凝土前应在各悬臂端配置与混凝土重量相当的压重，浇筑混凝土时分级卸载。

6.5.3 实训内容

1. 实训任务要求

（1）给定条件

1）实验梁及有关材料、设备。

2）菱形挂篮的技术参数和实训图纸资料。

（2）实训报告编写要求

1）编制的文件内容应满足实用性。

2）技术措施、工艺方法正确合理。

3）语言文字简洁、技术术语引用规范、准确。

4）基本内容及格式符合要求。

2. 实训任务分配

（1）熟悉连续箱梁平面图纸和菱形挂篮图。

（2）按照实训指导书安装挂篮。

（3）模拟挂篮前行。

（4）按规范要求拆除与整理模板。

（5）个人完成实训总结并形成实训报告。

3. 实训设备和材料（表6-21）

现场设备和材料清单表 表6-21

序号	设备名称	型号	单位	数量	用途
1	龙门吊		台	2	拆除模板、挂篮
2	电焊机		台	4	铁件焊接
3	千斤顶	24t	台	4	挂篮走行
4	油泵		台	4	挂篮走行
5	倒链	10t	台	8	
6	切割机		台	2	模板分解切割
7	钢丝绳	Φ18.5mm	m	50	
8	氧气乙炔		套	2	模板分解切割

4. 实训时间安排（表6-22）

实训时间安排 表6-22

项目	实习内容		时间(d)	实训地点
菱形挂篮施工实训	1	材料等准备工作	0.5	全真模拟实训基地
	2	安装菱形挂篮	2	
	3	挂篮行走模拟	0.5	
	4	挂篮拆除作业	1	
	5	检评总结	1	
	6	利用业余时间编写实训报告		

5. 工艺流程（图 6-11～图 6-16）

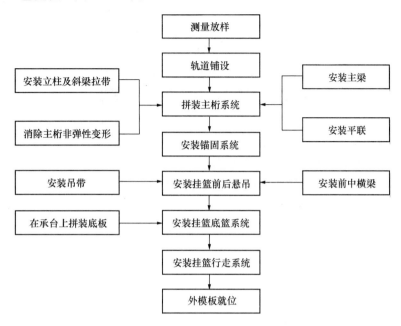

图 6-11　悬臂浇筑挂篮施工工艺流程

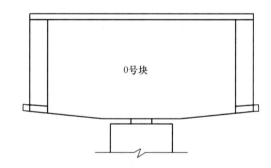

图 6-12　流程一：测量放样，铺设行走轨道

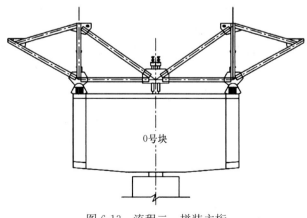

图 6-13　流程二：拼装主桁

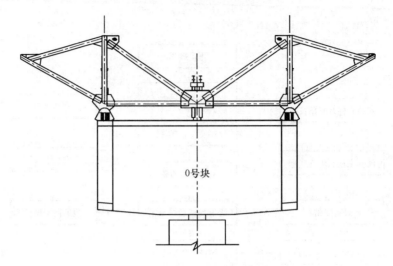

图 6-14　流程三：安装中横梁

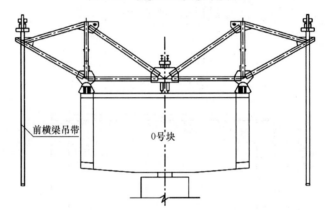

1.安装前后吊带和扁担梁，吊带可在承台上接长。
2.在承台上拼装挂篮底篮。

图 6-15　流程四：安装前后悬吊，同步在承台上拼装底篮

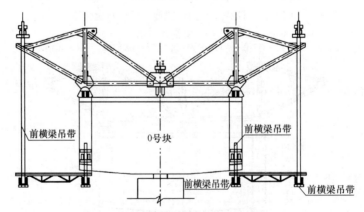

1.采用卷扬机提升安装底篮，并将其与吊带连接。
2.外模板从0号梁纵移就位，并将滑梁锚固。
3.检查挂篮拼装情况，此时挂篮拼装完毕。

图 6-16　流程五：安装底篮，外模板就位

6.5.4　实训方法与操作

1. 根据实训场地大小，将学生分成若干小组进行实训。
2. 在实训前由指导老师对本次实训基本知识做详细的讲解。
3. 实训操作。

（1）挂篮的拼装

步骤 1：测量放线。

测量桥墩纵向和横向中心线，并用墨线弹出。

步骤 2：铺设挂篮轨道钢枕。

先按图纸将走行轨道线和端头线放出，并做标记。随后进行铺砂找平，将走行轨按图纸上的顺序放好，轨道分为高侧和低侧，必须按照图纸要求安放，不得放反。

步骤 3：挂篮轨道钢枕锚固。

轨枕安装好后，在轨枕上铺设行走轨道，利用 0 号块梁体竖向钢筋，用钢筋连接器将竖向钢筋和轨道锚固，间距 50cm。

步骤 4：安装 2 号主梁，连接后锚行走小车。

步骤 5：安装后锚主梁，并锚固。

步骤 6：安装 1 号主梁，采用高强度螺栓锚固。

步骤 7：安装上后横梁及立柱支座，采用高强度螺栓连接锚固。安装后横梁。

步骤 8：安装立柱及系杆。

步骤 9：安装主桁后拉杆。

步骤 10：安装主桁前拉杆。

步骤 11：安装上前横梁，连接上吊带并在主梁 1 号和前上横梁上安装工作护栏。

步骤 12：安装后下横梁，与后上横梁用吊带连接。安装前下横梁，与前上横梁用吊带连接好。

步骤 13：安装底纵梁，铺设底模。

步骤 14：安装侧模、外滑梁及外吊梁，外滑梁就位后与侧模支架焊接。

步骤 15：专人检查轨道、主桁是否垫平、垫稳。调整所有吊带标高并预紧。对挂篮进行预压，重新调好标高，绑底板钢筋、腹板钢筋，安装内模。

（2）挂篮前移

步骤 1：将模板整体下降到一定高度，与混凝土脱离，挂篮后结点进行锚固转换，将上拔力转给后锚小车。具体措施是把底模系统和侧模的拉杆松开一定的距离，将侧模和内模的轮杆、丝杠取掉并减低组合模板高度。随后使前后吊带吊杆均匀交替下降，同时后锚和后横梁的锚固也慢慢松掉，降至后行走轮和走行轨接触，即结构区不负载。

步骤 2：用葫芦把后托梁的两端挂在内滑梁上，把后吊带和外后吊杆全部取掉。用特制的后滑梁架将内模滑梁后端吊住，上端固定在桥面上。

步骤 3：用导链将挂篮前移，将底模、侧模、主桁系统及内模滑梁一起向前移动，直至下一梁段位置。

步骤 4：挂篮就位后，用挂篮后结点千斤顶进行锚固转换，将上拔力由锚固小车转给主桁后锚杆。

步骤 5：安装底模后锚杆，侧模、内模后吊杆，调整后滑梁架及模板位置、标高；待梁段底板及腹板钢筋绑扎完毕后，将内模拖动到位，调整标高后，即可安装梁段顶板钢筋。

步骤 6：梁段混凝土浇筑及预应力张拉完毕后，进入下一个挂篮移动循环。

步骤 7：挂篮行走时，内外模滑梁在顶板预留孔处需及时安装滑梁吊点扣架，保证结构稳定；移动匀速、平移、同步，采取画线吊垂球或经纬仪定线的方法，随时掌握行走过程中挂篮中线与箱梁轴线的偏差，如有偏差，使用千斤顶逐渐纠正；为安全起见，挂篮尾部用钢丝绳与竖向蹬筋临时连接，随挂篮前移，缓慢放松。

（3）挂篮拆除

步骤 1：施工完毕，拆除挂篮内模。

步骤 2：固定侧模。

利用捯链及钢丝绳通过箱梁翼缘板预留的锚点孔洞，将挂篮侧模锁定在梁体两侧。

步骤 3：拆除底模平台。

利用悬挂在前横梁及挂篮吊架两侧的四台 10t 倒链起吊底模平台，同时，各吊点附挂 1 根 Φ18.5mm 钢丝绳作为保险装置；专人指挥 4 台倒链同时起落，捯链设定下落行程完毕后，收紧保险钢丝绳，底模平台改由 4 根钢丝绳临时吊挂；松开捯链，重新设置新行程并连接牢固；松开保险钢丝绳利用倒链继续下落底模平台；重复上述过程，直至底模平台平稳落在下方的场地上，如图 6-17 所示。

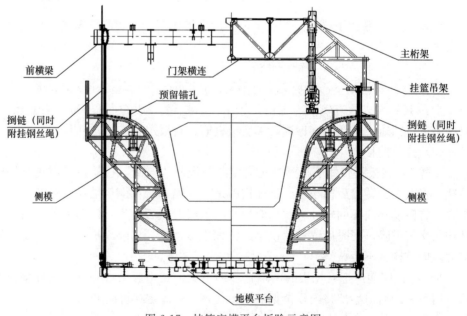

图 6-17　挂篮底模平台拆除示意图

步骤 4：侧模拆除。

用吊车吊住侧模，确认稳定后，拆除侧模固定吊具，外滑梁落于侧模骨架上，并进行临时锁定；安排专人指挥吊车依次将两个侧模吊至地面。

步骤 5：主桁架拆除。

底模平台及侧模拆除完毕后，将主桁架在梁面分解拆除。

两榀主桁先用钢丝绳或倒链临时在主桁架两侧将主桁拉紧，防止主桁侧倒；然后拆除两榀主桁间的门架横向连接及两侧挂篮吊架；最后将主桁架按照安装的反向顺序分解；按照拆除的先后顺序将分解的门架横向连接、挂篮吊架及主桁架吊至地面。

4．实训考评。

（1）主要以实际操作为主。

（2）考核评分见表 6-23。

考核评分表   表 6-23

班级：_____   姓名：_____

序号	挂篮检查验收项目		检查内容	满分	检查情况	实得分	备注
1	主桁系统	主桁各构件	主杆件、节点板、前上横梁、后上横梁规格、尺寸、焊缝是否满足设计要求，无明显变形及损伤	6			
		前支点	前支点与主杆件连接是否牢固，是否支垫紧密，是否设置了限位装置	7			
		连接板	螺栓是否为高强度螺栓，是否满上、拧紧	6			
2	锚固系统	主桁后锚	后锚锚梁是否与主桁节点板密贴，锚固用锚杆材质规格、数量，其上部和下部的扁担梁、垫板、销子、螺母等是否符合图纸要求并按图安装、锚固紧密	7			
		轨道锚固	轨道锚固个数是否满足设计要求，锚固用锚杆是否符合设计。轨道纵向是否按图连接、无遗漏。行走轨道扁担梁是否居中并且锚固牢靠、无漏锚	7			
3	悬吊系统	前、后及箱内吊带	吊带及其连接板、连接销子等规格、尺寸、材质、孔（直）径等是否与设计相符，限位销是否正确安装，销子受力是否合理。锚杆材质、规格、尺寸是否与设计相符	6			
		转换器	吊杆转换器材质、尺寸、吊杆旋入深度是否满足设计要求	6			

续表

序号	挂篮检查验收项目		检查内容	满分	检查情况	实得分	备注
4	底篮系统	前、后下横梁及纵梁	各构件规格、尺寸及连接焊缝是否与设计相符，各构件安装位置是否准确	7			
		连接件	底纵梁是否与下横梁焊接固定，纵梁顶面是否一致平顺	6			
5	模板系统	总体	模板表面是否清理干净并涂抹隔离剂，模板表面是否平整无变形、接缝无明显错台。模板是否与已浇混凝土面密贴。模板拉杆布置间距及直径是否与设计相符，螺帽是否上紧、无漏拧。模板间螺栓连接是否紧密。模板背枋布置是否合理	7			
		内模	内模尺寸是否准确，内模桁架、滑梁是否符合设计并无明显变形，悬吊精轧螺纹钢筋锚固是否牢靠	7			
		外侧模及翼缘模板	侧模和底模是否结合紧密	7			
		底模	底模是否与底篮纵梁结合紧密、受力均匀	7			
6	行走系统	行走轨道	每组轨道顶面高程是否一致，铺设位置是否准确顺直，轨道纵向是否按图连接牢靠。两组轨道上主桁架底面高程是否调整一致，预埋锚孔个数是否达到设计要求	7			
		行走小车	行走小车是否运行正常、受力均匀，各部件焊缝是否完好，连接销及限位销安装是否正确	7			
7	得分			100			

6.5.5 实训操作安全注意事项

（1）挂篮安装应严格按照安装工艺流程进行施工，并严格执行高空吊装作业的相关规定。

（2）挂篮滑道铺设要平直，应在一个水平面上。挂篮移动前应检查该拆、该换部件是否完成。

（3）挂篮前移到位后，应首先安装后锚系统，浇筑混凝土时再次检查后锚固点。

（4）预留挂篮施工孔洞的位置、尺寸要准确。

（5）挂篮安装完成后应在挂篮前上横梁及前下横梁处分别设置工作平台，在侧模两侧设置走行过道平台，在后下横梁处设置吊篮，平台及吊篮均参用轻型型钢加工，铺设脚手板，挂安全防护网。设置的工作平台应坚固、稳妥，方便施工。

（6）施工中所使用的机具设备如千斤顶、捯链、滑车、钢丝绳等，应有足够的安全系数，并应经常进行检查及维护保养。

（7）浇筑梁段混凝土时，必须考虑挂篮的弹性变形及滑道垫块的压缩变形，以免梁体出现裂缝。

（8）挂篮脱模时应逐渐下落以降低冲击荷载。

（9）挂篮滑移时，左右两侧应同步对称进行，防止操作不当造成挂篮局部变形或挂篮偏位。

（10）挂篮拆除时，应按自下而上，先内后外的顺序进行，并应派专人统一指挥。

（11）严格执行高空作业的有关规定，当双层作业时，操作人员必须严格遵守各自岗位职责，防止疏漏。

（12）挂篮的使用必须实行岗位责任制，应指定专人进行检查、指挥工作。

6.5.6 质量标准

挂篮质量验收标准表　　　　表 6-24

序号	验收项目	检查内容	检查标准
1	挂篮资质	挂篮及模板系统设计及计算书、制作单位资质、挂篮探伤报告、出厂合格证等资料是否齐全	资料齐全有效
2	行走轨道	轨道连接是否平顺、可靠，无变形	轨道应平顺、错台不大于2mm
		滑道各段以及和梁体连接螺栓是否完好，连接是否可靠	各部位连接紧密
3	主桁后锚	主桁后锚与梁体连接精轧螺纹不少于2根，且紧固、可靠。后锚精轧螺纹钢筋、双螺母保护、连接器完好、无损伤。支点下滑板和勾板与挂篮主梁是否连接紧密，滑板和勾板是否焊接加劲板	各部位锚固良好
		后锚反扣与主桁连接螺栓是否紧固，各部位焊缝完好无明显变形	各部位连接紧密，无变形
4	吊杆	吊杆上下螺母连接情况的检查，吊杆是否歪斜	上下螺母应拧紧，上下螺母应为双螺母，吊杆不得歪斜
		前吊杆是否已受力拉紧	应受力拉紧
		后悬吊是否与梁体底板锚固	锚固良好
		吊杆是否存在电弧焊、气焊损坏现象	禁止电弧焊、气焊损坏吊杆
5	滑梁	内、外滑梁调节是否自如，吊筋的连接是否可靠	吊筋螺栓已拧紧
		前后吊点处是否连接紧密，构件有无变形	应连接紧密，构件无变形

序号	验收项目	检查内容	检查标准
6	模板	各块模板之间螺栓是否完好连接可靠，有无变形	连接可靠，完好无变形
7	各连接部位	螺栓是否紧固	螺栓应紧固
		销子是否栓紧，销子与销孔是否存在相对滑动	销子栓紧，有保险销
8	安全设施	操作平台稳固可靠、无明显变形。防护栏杆是否按标准设置，安全网是否封闭。上下通道（梯子）是否可靠	平台牢靠，防护栏杆高度1.2m，安全网密闭，上下梯道安全可靠

附 录 总 结 评 价

1. 实训总结

对实训过程中出现的问题、原因以及解决方法进行分析，并与实训小组的同学讨论，将思考和讨论结果写在附表1中。

问题填写表 附表 1

组号		小组成员	

实训中出现的问题：

问题的原因：

问题解决方案：

2. 实训自我评价

（1）通过完成本实训任务，你认为你学会了哪些知识和技能？

评价情况：_____

（2）实训是否安全规范？

评价情况：_____

（3）实训工作态度情况如何？

评价情况：_____

（4）完成本实操任务时，你学会通过哪些资料或网站查找到相关的知识点？

评价情况：_____

（5）你对本实训任务是否满意？小组合作是否愉快？

评价情况：_____

3. 小组评价（附表 2）

小组评价表

附表 2

序号	评价项目	评价情况
1	是否理解教师的教学安排	
2	是否服从组长的分工	
3	学习态度是否积极主动	
4	实训步骤是否有条理	
5	是否有合作精神	
6	是否遵守实训场地的规章制度	
7	是否注意操作安全	
8	是否保持实训工作环境的整洁	
9	是否参与小组讨论	
10	是否接受别人的批评和建议	

参与评价的同学签名：＿＿＿＿＿＿＿＿＿　　　　　　　　　　年　　月　　日

4. 教师评价（附表 3）

教师评价表

附表 3

序号	评价项目	评价情况
1	学生实训出勤情况	
2	是否制订实训进度计划，并按进度计划实行	
3	实训方案是否合理，是否达到实训效果	
4	实训操作是否符合施工规范要求	
5	实训结束是否对实训设备材料进行归位整理，清洁场地	
6	其他评价意见	

教师签名：　　　　　　　　　　　　　　　　　　　　　　年　　月　　日

参 考 文 献

[1] 孙爱红，王守忠．公路工程施工组织设计[J]．中外企业家，2015(21)：82.

[2] 张健．公路桥梁工程施工组织设计[J]．交通世界，2016(16)：114~115.

[3] 赵健博．公路工程施工组织设计探析[J]．价值工程，2014，33(05)：108~109.

[4] 董劲松．道路路基施工技术及管理措施[J]．工程建设与设计，2020(20)：136~137.

[5] 陆鼎中，程家驹．路基路面工程[M]．上海：同济大学出版社，1992.

[6] 中华人民共和国行业标准．公路路基施工技术规范 JTG/T 3610—2019[S]．北京：人民交通出版社，2019.

[7] 闫波．道路公路工程中水泥稳定碎石基层施工技术研究[J]．建筑技术开发，2020，47(14)：44~45.

[8] 中华人民共和国行业标准．公路路面基层施工技术细则 JTG/T F20—2015[S]．北京：人民交通出版社，2015.

[9] 吴才平．市政道路沥青路面施工技术[J]．四川建材，2020，46(10)：115~116.

[10] 季小川．沥青混凝土路面施工质量控制及评价方法[J]．山东交通科技，2020(05)：146~148.

[11] 中华人民共和国行业标准．公路工程质量检验评定标准　第一册　土建工程 JTG F80/1—2017[S]．北京：人民交通出版社，2017.

[12] 中华人民共和国行业标准．公路工程沥青及沥青混合料试验规程 JTG E20—2011[S]．北京：人民交通出版社，2011.

[13] 周博．水泥混凝土路面施工质量控制要点[J]．交通世界，2020(20)：104~105.

[14] 李忠义．公路工程水泥混凝土路面施工技术研究[J]．现代物业(中旬刊)，2020(07)：106~107.

[15] 中华人民共和国行业标准．公路水泥混凝土路面设计规范 JTG D40—2011 [S]．北京：人民交通出版社，2011.

[16] 中华人民共和国行业标准．公路桥涵施工技术规范 JTG/T 3650—2020 [S]．北京：人民交通出版社，2020.

[17] 中华人民共和国企业标准．模板及支架工程施工技术标准 ZJQ08-SGJB 011—2017[S]．北京：中国建筑工业出版社，2017.

[18] 中华人民共和国地方标准．公路桥梁后张法预应力施工技术规范 DB33/T 2154—2018 [S]．浙江省质量技术监督局，2018.

[19] 中华人民共和国行业标准．公路工程施工安全技术规范 JTG F90—2015[S]．北京：人民交通出版社，2015.